# 1.

Des cent enfants illégitimes que sir Hugh Percy Smithson, premier duc de Northumbrie, avait essaimés sur le sol anglais, gallois, écossais et des Hébrides, le seul à passer à la postérité fut celui mis au monde par lady Elizabeth Hungerford Kate Macie, une dame dont la beauté surpassait l'immense fortune, petite-fille de sir George Hungerford et nièce du duc de Somerset, descendante de Henri VII, roi d'Angleterre et fondateur de la dynastie Tudor. À sa naissance, dans un lieu et à une date gardés secrets afin de dissimuler l'offense, le rejeton reçut pour nom James Lewis.

James grandit esseulé dans un château entouré de collines battues par les pluies, à Weston près de Bath, où sa mère avait décidé de se retirer. On chargea de son éducation Adam Watson, un jeune homme plein d'acuité qui, comme c'était l'usage, lui apprit à lire et à écrire, l'initia à la rhétorique, la géographie et l'histoire naturelle.

Pour rendre ces activités plus agréables, le précepteur se plaisait à assortir les leçons matinales d'excursions vespérales aux abords de Weston. Ils remontaient le cours de l'Avon, pêchaient et devisaient des sujets les plus variés. Quand l'ennui les gagnait, ils plongeaient dans l'eau et nageaient, nus, jusqu'aux roselières d'où ils observaient, cachés parmi les joncs et retenant leur respiration, le comportement des oiseaux aquatiques. En d'autres occasions, lors de promenades dans les prés, ils déchiffraient à partir du livre de la Nature ce que les ouvrages imprimés expliquaient de manière balbutiante, herborisaient, ramassaient des pierres, capturaient des escargots, des grenouilles qu'ensuite ils disséquaient.

À un âge précoce, James se révéla vif d'esprit. Non seulement il apprenait ce qu'on lui enseignait avec une grande rapidité, mais il se perfectionnait de son côté, si bien qu'en quelques années à peine, il finit par être plus instruit que son instituteur et entreprit des balades solitaires sur des chemins que nul ne lui avait montrés.

Un jour, pendant l'une de ces randonnées, en marge d'un sentier couvert de feuilles mortes, James découvrit dans les broussailles, à côté d'un tronc tombé à terre, un objet flottant, presque imperceptible, qui l'intrigua. Il s'agissait d'une toile d'araignée. Au même instant, un insecte ailé qu'il n'eut pas le temps d'identifier se heurta aux fils. Une araignée toute racornie et velue émergea d'un trou, se jeta sur sa proie et lui injecta son venin. L'insecte se débattit un moment avant de se paralyser. Telle une embaumeuse de l'Égypte antique,

# EN LETTRES **D'ANCRE**

DU MÊME AUTEUR

MICROBES, L'Arbre Vengeur, 2010.
OURS, L'Arbre Vengeur, 2013.

DIEGO VECCHIO

# L'EXTINCTION DES ESPÈCES

*roman*

*Traduit de l'espagnol (Argentine)*
*par* Isabelle Gugnon

BERNARD GRASSET
PARIS

*L'édition originale de cet ouvrage a été publiée en 2017*
*par Anagrama, sous le titre :*

LA EXTINCIÓN DE LAS ESPECIES

Ce livre a été publié avec le soutien
du Centre National du Livre

Couverture : montage d'après © Gettyimages

ISBN 978-2-246-81925-7

# I.

## *L'héritage*

l'arachnide enveloppa la victime d'un linceul en agitant frénétiquement ses pattes.

Ce spectacle laissa James perplexe. Pourquoi les toiles d'araignée présentaient-elles systématiquement une forme polygonale ou trapézoïdale ? Qui avait révélé à l'araignée le secret mortifère de sa potion ? Qui avait conduit l'insecte ailé jusqu'à l'endroit de sa perdition ? Existait-il une loi régissant des scènes aussi saisissantes et des faits aussi infimes ?

## 2.

Quand James eut quinze ans, la scarlatine faucha sa génitrice. Fils unique, il hérita d'un capital qui lui permettrait de passer le restant de sa vie dans l'aisance. Peu enclin aux passions et aux distractions mondaines, il décida de consacrer son existence aux sciences. Au lieu de faire la guerre, de courtiser les dames ou de jouer au cricket, il s'inscrivit au Pembroke College de l'université d'Oxford.

Loin de la compagnie de ses camarades, il se cloîtra dans la bibliothèque comme une chenille dans sa chrysalide pour lire le *Supplément au voyage de Bougainville*, de Diderot. Il passait aussi beaucoup de temps au musée Ashmolean, émerveillé devant un reliquaire commémorant le martyre de saint Thomas Beckett, archevêque de Canterburry assassiné par les partisans de Henri II.

Sa discipline de prédilection était cependant la géologie. Pendant ses années d'études, il avait développé un goût prononcé pour les pierres. Entre les roches métamorphiques et sédimentaires, il préférait ces dernières pour leur gamme étendue de couleurs qui allait du rouge au noir en passant par le rose, l'orangé ou l'ocre.

Il nourrissait en revanche une forte antipathie pour les roches ignées, qui frisait par moments la haine viscérale, surtout quand il étudia l'anatomie du volcan Grímsvötn, situé dans le sud de l'Islande. Ce monstre était entré en éruption un dimanche d'avril frais et dégagé, et avait éructé des millions de tonnes de lave basaltique et des nuages de dioxyde de soufre, exterminant quatre-vingt-dix pour cent de la population de l'île.

## 3.

Pour atténuer l'opprobre jeté sur sa mère, James avait jusqu'alors porté le nom du premier mari de celle-ci, sir James Macie, un gentleman au visage grêlé par la variole, mort prématurément peu avant sa naissance. Il ne connaissait de lui qu'un portrait peint par Thomas Gainsborough. Avec le temps, cette imposture lui parut insoutenable et il pria sir Hugh Smithson de le reconnaître et de lui permettre d'utiliser son patronyme.

Au début le duc fit la sourde oreille, mais James ne recula pas et insista. Le noble lui claqua la porte au nez. Le jeune homme ne baissa pas les bras et le harcela à la sortie de l'office dominical. Il l'apostropha lors d'une des soirées organisées par lady Peel dans sa maison de campagne, s'invita à l'une de ses parties de chasse et l'invectiva devant ses domestiques. Hugh Smithson le maudit, condamna son nom, son existence et les entrailles qui l'avaient mis au monde.

Au terme de toutes ces crispations, sir Smithson tomba gravement malade. Rongé par les remords d'une vie de pur libertinage, le vieillard finit par accéder à la demande de son fils illégitime et fut peu après fauché par une congestion cérébrale. Il lui légua un quart de ses terres.

## 4.

James Smithson ne convola pas, il n'eut jamais d'enfant et, que je sache, pas davantage de femme. Sa seule aventure sentimentale se résumait à ses fiançailles avec Louise Hodges, sa cousine, qui se terminèrent aussi promptement qu'elles avaient commencé. À l'annonce de la rupture, la jeune promise fondit en larmes, et pour la consoler de ce chagrin James sortit une éprouvette qu'il transportait toujours avec lui. Avec beaucoup de soin, il recueillit trois larmes qu'il observa au microscope avant d'en faire l'analyse chimique.

Dans les humeurs lacrymales répandues par Miss Hodges, il identifia divers sels minéraux parmi lesquels figuraient le sodium, le chlore, le potassium, le calcium, le magnésium et une quantité inattendue de phosphore sans doute justifiée par l'amertume de la demoiselle.

Il s'aperçut également que tels des flocons de neige, chaque larme possédait une architecture propre déterminée par l'émotion. Les larmes de joie étaient rhomboïdales avec des angles aigus. Les larmes de tristesse présentaient en revanche des formes elliptiques. Celles d'ennui, provoquées par un bâillement, comme les larmes basales sécrétées en continu afin de lubrifier l'œil, se distinguaient des autres par leur aspect sphéroïdal.

Des années plus tard, les études de Fourcroy confirmèrent ces découvertes.

## 5.

Toujours accompagné d'un laquais, le fidèle Steven Scott, James voyagea dans toute l'Europe, parcourut des empires qui, tels des châteaux de cartes, s'érigeaient et s'effondraient en un instant, ébranlés par des révolutions, des contre-révolutions et le couronnement d'empereurs nains qui aspiraient à conquérir le monde au nom de la liberté.

Il fréquenta le neptuniste Abraham Gottlob Werner et le plutoniste James Hutton. Il vécut à Venise, échangea une correspondance avec le baron von Humboldt. À Hambourg, les médecins lui diagnostiquèrent un début de tuberculose et recommandèrent un séjour dans les Alpes.

« Mon nom, songea-t-il un jour lors d'une promenade dans les montagnes, au bord d'un précipice qui lui ménageait une vue spectaculaire, les cheveux ondulés par la bise avant d'avoir la respiration coupée, mon nom devra perdurer dans la mémoire de l'humanité lorsque les titres nobiliaires des Northumberland, des Percy, des Hungerford, des Somerset et des Tudors se seront éteints. »

Il tenta d'écrire un essai de chimie souterraine décrivant et analysant les nombreux gaz qui bouillonnaient dans les sous-sols anglais. Il s'y attela mais n'eut guère le temps de poursuivre car il s'éteignit à Gênes, âgé de quarante ans.

Son testament stipulait qu'il léguait la totalité de ses biens à Steven Scott, son plus loyal serviteur. Si jamais son laquais disparaissait sans laisser d'héritier, il précisait dans ses dernières volontés qu'il désirait que sa fortune permît d'édifier dans la ville de Washington un établissement portant son nom, dédié au progrès et à la diffusion du savoir auprès de tous les hommes.

## 6.

Steven Scott mourut sans descendance. Par la suite, les avocats de James Smithson notifièrent au consulat américain à Londres l'existence de ce legs dont le montant s'élevait à 100 000 souverains-or, soit 500 000 dollars. L'ambassadeur écrivit immédiatement au secrétaire d'État, qui annonça la nouvelle au Congrès. Le Sénat et la Chambre des représentants délibérèrent afin de savoir s'il convenait d'accepter ou non cet argent dans ces conditions.

« Sans le moindre doute, déclara Ethan Payne, sénateur du Maine, Celui-qui-Demeure-dans-les-Hauteurs était d'excellente humeur lorsqu'il créa cette parcelle de l'univers en la dotant de terres infiniment fertiles, de fleuves larges de centaines de milles, de forêts en parfaite harmonie avec le paysage, de lacs aussi étendus que la mer Caspienne. De même qu'Il fait pleuvoir sur les prairies pour favoriser la pousse de l'herbe, Il répand sur nous cette pluie de doublons d'or que nous sommes tenus d'accepter, par stricte politesse eu égard à Ses desseins. Avec cette somme, nous pourrions…

— Objection ! s'exclama Kent Larson, sénateur de l'Alabama, qui se leva en serrant les poings, les veines de ses tempes sur le point d'éclater. Quand un peuple décide de rompre les liens qui l'unissent à un autre dans le but de vivre en respectant les droits et les devoirs qu'imposent la liberté et l'égalité entre les hommes, en vertu des lois du Créateur, il est inadmissible de lui remettre aux pieds les fers qu'il a brisés au prix de tant de sang versé. Avant de recevoir un seul penny provenant de cette nation perfide qu'est l'Angleterre, et qui plus est d'une bourse aristocratique, je préfère qu'on me soumette au supplice du garrot et qu'on tourne la manivelle jusqu'à fracturer mon crâne au point de faire jaillir ma cervelle de ma bouche, mon nez et mon anus. »

Cette intervention, saluée par des applaudissements et des ovations, mais désapprouvée par des murmures et des soupirs, fut suivie d'un débat électrique. L'héritage suscitait à la fois un grand enthousiasme et de la méfiance, plus de méfiance que d'enthousiasme et plus d'hostilité que de méfiance. Au terme d'un des votes les plus serrés qu'on eût connus jusqu'alors, le legs de James Smithson et les clauses qui l'assortissaient furent acceptés.

On n'eut guère le temps de décider de l'affectation de cet argent. Absorbés par des problèmes plus pressants, tels que la guerre contre le Mexique, les législateurs confièrent l'affaire à un directoire présidé par Thomas Lloyds, membre de l'Académie des sciences, et composé d'un sénateur, d'un membre du Parlement, du maire de Washington et du surintendant du Trésor fédéral.

Après que les avocats de sir Smithson eurent donné leur approbation, une frégate escortée de deux navires de guerre pour intimider les pirates leva l'ancre de Plymouth. Une semaine plus tard, elle mouilla dans le port de Baltimore, avec des coffres remplis de pièces d'or qui furent automatiquement converties en dollars dès qu'elles touchèrent le sol américain.

## 7.

Le surintendant du Trésor fédéral s'empressa d'acheter des bons émis par l'Arkansas, avec un taux d'intérêt annuel de 12 %, bien plus rentables que ceux du Vermont et leur taux squelettique de 3 %, mais qui étaient par ailleurs davantage exposés aux fluctuations monétaires.

Cela ne lui posait aucun problème. Pour limiter les risques, il diversifia ses placements. Il acquit des actions des chantiers navals Brummel, dont le siège se trouvait à Rhode Island, investit dans la Baltimore & Ohio Railroad, qui selon les experts était promise à un brillant avenir, acheta des terres cultivables dans le Kentucky. Profitant d'une baisse des cours, il acheta de l'or afin de se constituer une réserve de métaux précieux qui représentaient toujours une valeur sûre en cas de crise financière. Par les temps qui couraient, mieux valait se montrer prévoyant.

Pendant que les intérêts fructifiaient, le directoire discuta de ce qu'il convenait de faire avec cette masse monétaire en constante expansion. Construire des orphelinats accueillant dans de dignes conditions des enfants trouvés, les arracher à la misère et à l'impiété, leur inculquer les sains préceptes de la religion ? Sûrement pas. Créer des écoles sur la totalité du territoire national pour dispenser aux petits Américains une éducation hors du commun, érigée en exemple non seulement vis-à-vis de l'Europe édentée, mais aussi des nations qui venaient de briser le joug les rattachant à une monarchie arriérée comme celle de l'Espagne, et qui s'aventuraient sur le chemin de la liberté à l'image de boiteux sans béquilles ? Rien n'était moins sûr. Fonder une université spécialisée dans les sciences naturelles, la chimie, la physique, les mathématiques et l'astronomie, qui posséderait en outre la meilleure équipe de base-ball ? Certainement non. Alors que faire ? Financer des concerts, des expositions et des salons littéraires où on lirait des poèmes en célébrant ou en déplorant selon les modes la vie à la campagne ou la modernité des villes tandis que, cachés derrière des rideaux, deux messieurs se bécoteraient en se frottant l'un contre l'autre ? Hors de question.

Sans l'ombre d'un doute, le testament stipulait que l'Institut smithsonien devait être dédié au progrès et à la diffusion de la science auprès de tous les hommes, et non à des activités philanthropiques, éducatives et encore moins littéraires, artistiques ou musicales. Le meilleur usage qu'on pouvait réserver à ces fonds était d'ériger un musée national qui abriterait dans des conditions optimales de préservation les collections de pierres, de plantes, d'animaux et de fossiles collectés par Lewis et Clark, Henry Dodge ou Zebulon Pike, pour ne citer qu'eux parmi tant d'autres.

Depuis longtemps, d'insignes citoyens avaient manifesté avec ténacité, lors de forums et d'assemblées ou par le biais de la presse dans des articles d'opinion très lus, la nécessité de conserver les spécimens qui sommeillaient dans les caves du département de l'Intérieur, couverts de poussière et menacés d'être rongés par les mites.

Dans la dernière décennie, plusieurs projets de création d'un musée national avaient été discutés au Congrès avec apathie, sans qu'on arrivât à un accord. La majorité des sénateurs et des représentants considérait que la question relevait des compétences du gouvernement fédéral, mais ce dernier laissait cette entreprise aux mains de l'initiative privée, arguant qu'il y avait d'autres problèmes à régler en priorité, comme la construction de voies ferrées reliant la côte Est à la côte Ouest, sans oublier qu'avec l'acquisition du Texas, du Nouveau-Mexique, de l'Arizona et de la Californie, les coffres de l'État étaient presque vides. Pour leur part, les philanthropes répliquaient qu'ils avaient déjà assez investi dans des hôpitaux, des hospices et des résidences pour mères célibataires. Si l'Amour du Très-Haut est sans limites, ce n'était pas le cas de la bourse des contributeurs. Il incombait aux sénateurs et aux représentants de trouver une solution.

La discussion s'était envenimée. Le département de l'Intérieur menaça de jeter dans la rue tout le bric-à-brac qui encombrait ses couloirs. Il n'y avait plus de place pour les archives. Les bureaux étaient saturés d'animaux empaillés et, pis, de nuisibles dans des flacons. De nombreux employés refusaient de travailler en compagnie d'un serpent à sonnette noyé dans un bocal rempli d'alcool éthylique ou d'un scarabée rhinocéros exposé comme une pierre précieuse dans un écrin de verre. Ils eurent beau organiser grève sur grève en exigeant des conditions de travail décentes, les autorités ne tinrent pas compte de leurs réclamations.

Que l'héritage de James Lewis Smithson fût arrivé au moment où il était arrivé était une preuve supplémentaire de l'existence d'une Loi qui régissait l'univers avec une préférence marquée pour l'Amérique. Une telle fortune permettrait de créer dix musées, ou un seul en contenant dix.

Le directoire approuva le projet à l'unanimité.

## 8.

Washington était une localité à peine plus vaste qu'un village, mais elle aspirait à devenir une grande capitale. Jusqu'alors, force était de reconnaître que ces intentions ne s'étaient pas vérifiées dans les faits.

Les grandes avenues conçues par Pierre Charles L'Enfant naissaient du néant et ne conduisaient nulle part, ou à des monuments dépourvus de splendeur qui commémoraient les héros et les exploits d'une histoire qui venait à peine de commencer et n'avait guère de choses à raconter. Au lieu de posséder des parcs, la ville comptait des terrains vagues où s'accumulaient les détritus. Il n'y avait pas de trottoirs sur lesquels marcher sans se faire heurter ou éclabousser par les attelages. Dans les rues couvertes de crottin, de bouses et de fientes se promenaient plus de chiens, de cochons et de poules que de passants. Washington comportait une magnifique bibliothèque avec de trop rares lecteurs, ainsi que des théâtres qui manquaient d'artistes, et surtout d'un public capable de rester assis et de se tenir correctement pendant plus d'une heure. Les maisons construites sur les berges du Potomac étaient un peu plus animées, mais fréquentées par des individus de la pire espèce minés par la syphilis.

Ces carences présentaient cependant des avantages. Il y avait tant d'espace à remplir et tant d'institutions à créer qu'il fut aisé d'acquérir un terrain que nul ne convoitait sur l'Esplanade nationale, près d'une statue solitaire supposée représenter George Washington.

Sans perdre de temps, James Hamilton Jr., l'architecte désigné par le sous-secrétariat aux Travaux publics, dessina un château qui alliait le style gothique anglo-normand à des motifs romans, inventant une architecture propre et typiquement washingtonienne que certains visiteurs anglais malintentionnés allèrent jusqu'à qualifier de « gothique bâtard ».

Dans le projet initial, on pensait utiliser du marbre blanc comme pour les autres bâtiments administratifs, mais James Hamilton Jr., voulant donner à son château smithsonien une touche plus fantaisiste, opta pour une pierre sablonneuse couleur lilas extraite des carrières de Seneca Creek, dans le Maryland.

On ne lésina pas sur les efforts. Cinq ans plus tard, Washington comptait un monument à même de susciter l'étonnement et l'admiration, qui n'avait rien à envier au British Museum, au palais du Louvre ou au Muséum d'histoire naturelle de Vienne.

Le bâtiment comportait deux étages et deux ailes reliées par des galeries. Au centre de la façade nord s'érigeaient deux tours de 150 pieds, les plus hautes d'Amérique à l'époque. Sur la façade sud s'élevait une tour de 91 pieds, et sur le pignon nord-est un clocher de 117 pieds. Le pignon sud-ouest était quant à lui flanqué d'une tour octogonale de même hauteur.

Le château smithsonien était entouré d'un jardin qui s'étendait d'un bout à l'autre de l'Esplanade, avec une pelouse impeccablement tondue, des rangées d'érables, de chênes et de cerisiers, des parterres de fleurs obéissant à une combinaison de couleurs très étudiée et un étang sillonné jour et nuit, sans interruption, par une flottille de cygnes.

Quand le dernier arbre fut planté, le jardinier en chef lâcha des centaines d'écureuils dans le parc.

## 9.

Après avoir examiné la candidature de plusieurs hommes de science, le directoire choisit comme premier directeur du musée, Zacharias Spears, sans doute la personne la mieux indiquée pour mener à bien cet exploit. Issu d'une famille de quakers de Harrisburg, Spears avait gravi avant l'âge de quarante ans les échelons les plus hauts de la carrière scientifique.

Sa vocation s'était déclarée à l'adolescence, lorsqu'il avait visité une exposition itinérante d'animaux empaillés organisée par un artiste français de passage dans sa ville natale. Il fut si fasciné que, très vite, il s'acheta pour 2 *cents* un manuel de dissection et se mit seul à l'ouvrage en commençant par son hamster, qui avait succombé à un refroidissement.

Il s'inscrivit à l'université de Pennsylvanie, où il étudia la botanique et la zoologie, l'anatomie comparée et la paléontologie. Il assista à un cycle de conférences donné par Joseph Leidy sur la faune disparue du territoire du Nebraska, développa un intérêt tout particulier pour le laboratoire de taxidermie, dirigé par Neil

Stevens, un des plus grands spécialistes en la matière qui l'initia aux mystères de l'art d'embaumer. Spears l'aida à résoudre un problème qui entravait le développement de cette discipline.

Comme on le sait, les grands ennemis des corps embaumés sont les larves, dont la gloutonnerie pour les friandises momifiées ne connaît pas de limites. Plus d'un campagnol des prairies ou d'une grenouille-taureau de Floride, disséqués par des mains inexpertes, s'étaient au bout d'un moment volatilisés, réduits en poussière, précipités dans les ombres et le néant.

Afin de mettre un terme à cette calamité, les taxidermistes avaient testé une infinité de recettes, comme par exemple la fumigation à l'acide sulfurique anhydre ou l'application d'une pommade au mercure. Ces techniques, si elles avaient freiné l'action des vers, avaient également provoqué des dégâts sur les plumes et les pelages, ravalant au rang de chiens galeux et de poulets déplumés de nombreux cerfs et paons, quand elles ne les avaient pas convertis en squelettes hérissés de fils de fer.

On avait eu recours pendant un temps au savon arsenical inventé par Jean-Baptiste Bécœur, un maître apothicaire de Metz, fabriqué avec deux livres de savon de Marseille, de l'arsenic blanc, de la crème de tartre, de la chaux en poudre et du camphre. Ce processus évitait la décomposition sans abîmer les spécimens mais présentait un effet indésirable tout aussi fâcheux que les autres, à savoir l'intoxication de ceux qui manipulaient les dépouilles animales sans protection adéquate. L'invention de Bécœur causa la mort de nombreux domestiques, antiquaires, taxidermistes, jusqu'à Bécœur lui-même.

Que faire ? Les produits qui détruisaient les vers attaquaient les spécimens embaumés. Ceux qui ne dégradaient ni le pelage ni le plumage empoisonnaient les humains, et ceux qui ne produisaient aucun de ces deux effets néfastes se révélaient inefficaces contre les larves. Zacharias Spears découvrit qu'au lieu d'utiliser de l'arsenic ou de l'acide sulfurique, on pouvait appliquer du borax, nom commercial du tétraborate de sodium. Ce conservateur était aussi performant que les autres, mais sans conséquences toxiques ou corrosives. En faisant cette découverte, Zacharias Spears contribua dès sa prime jeunesse à la préservation des espèces.

## 10.

Dès qu'il eut déposé au Registre de la propriété intellectuelle la découverte du borax, Zacharias Spears délégua à des tiers l'usage de cette technique. Las de la mort, il se tourna vers la vie. Son diplôme en poche, il commença à travailler au service de Ryan Wagner, un éminent scientifique de la Société ornithologique de Pennsylvanie, qu'il assista dans la révision de la nomenclature.

Pour nommer les oiseaux d'Amérique, les premiers naturalistes avaient commis l'erreur d'utiliser les termes en usage dans l'Angleterre galeuse. On avait appelé « corbeau » une corneille, et « corneille » une pie qui était en réalité un grand corbeau. Il était indispensable de mettre de l'ordre dans ce chaos pour désigner une bonne fois pour toutes un corbeau américain sous le nom de « corbeau américain », et non en lui donnant celui d'une espèce semblable bien que différente.

Zacharias accompagna Ryan Wagner dans ses excursions ; ils décrivaient les plumes, les becs et les ailes ainsi que le vol des oiseaux en veillant à ne pas confondre un pic glandivore avec un pic épeiche. Des mois durant, ils observèrent et dessinèrent des centaines de spécimens.

Rien n'est du reste plus difficile que reproduire un oiseau sur le papier. Contrairement aux reptiles et aux mammifères, les oiseaux ne restent jamais tranquilles. L'œil et la main doivent être très véloces pour capturer les formes et les couleurs avant que ces créatures ne se mettent à sautiller et à voler pour aller se percher sur une branche lointaine, hors du champ de vision de l'observateur. Toujours nerveux, ils vivent dans un monde qu'ils perçoivent comme une menace constante.

Tapis derrière des arbustes, Zacharias Spears et Ryan Wagner épièrent le comportement d'un géocoucou pavonin, mais était-ce vraiment un géocoucou pavonin ? Quel que fût son nom, quand il s'apercevait qu'une bande d'oiseaux picoraient des graines, le volatile leur tombait dessus en piqué. Le prenant pour un aiglon, les autres s'égaillaient et lui laissaient les meilleures bouchées. Après s'être rempli la panse, le géocoucou s'envolait, se posait sur une branche assez proche et émettait un croassement dont on ne savait pas exactement s'il s'agissait d'un cri de joie, de honte ou de vengeance. Il donnait l'impression de leur dire : « L'amour devient trop étroit, comme le reste on le garde dans un tiroir – Puis un jour, sa mode apparaît désuète – Comme l'habit que portaient nos aïeux. »

## 11.

Considérant qu'il avait dit tout ce qu'il avait à dire sur les oiseaux, Zacharias Spears s'intéressa à l'animal le plus démocratique d'Amérique. Il étudia pendant une année la vie des castors du fleuve Delaware. En matière de gouvernement, au lieu de se soumettre au joug d'un tyran, comme les loups, les lions ou les mandrills, les castors préféraient déléguer le pouvoir à une assemblée de représentants.

À la fin de l'été, ils réunissaient un conseil pour savoir s'ils devaient rester au même endroit après avoir effectué les réparations nécessaires dans leurs demeures et leurs barrages, ou si, pour la plus grande joie des citoyens, il ne valait pas mieux déménager dans une zone où la nourriture était beaucoup plus abondante.

Si la seconde proposition était approuvée, ils constituaient un groupe d'explorateurs qui partait explorer le terrain en quête d'un nouveau foyer, situé en général à proximité d'une forêt.

Les castors avaient une façon très étrange de faire tomber les arbres. Quand l'aube s'annonçait, une équipe d'ouvriers de tous âges se dirigeait vers le bois sélectionné. Le castor mâle ou femelle chargé de superviser les travaux publics désignait l'arbre à abattre et donnait le signal de départ en frappant le sol de la queue. Les ouvriers se mettaient alors à ronger le tronc du côté qui donnait sur le fleuve. Quand l'arbre vacillait, le castor mâle ou femelle qui veillait à la bonne marche de l'entreprise émettait un deuxième signal afin d'intimer aux bûcherons de s'écarter. L'arbre s'affaissait dans un immense raffut et les castors le tiraient en aval ou en amont du fleuve jusqu'à leur nouveau domicile, ainsi que le faisaient les Égyptiens sur le Nil avec leurs obélisques taillés dans les carrières de l'île Éléphantine.

## 12.

Zacharias Spears exposa à l'Académie des sciences de Philadelphie ses observations sur les castors delawariens. Cette monographie lui valut aussitôt la reconnaissance de Brandon Lewis, vice-président de l'institution, un homme de grand talent, mais connu pour son caractère glacial.

Contre toute attente, ce gentleman qui avait renoncé à fonder une famille dans l'intention de se consacrer pleinement à l'histoire naturelle se prit d'affection pour Zacharias comme s'il avait été son propre fils. Il l'invitait une fois par semaine à déjeuner ou à dîner et tous deux devisaient de la mandibule de mastodonte qu'on venait d'exhumer dans le Kentucky. Il lui demandait de l'accompagner dans ses promenades jusqu'à Germantown, lui donnait à lire les brouillons de ses conférences et corrigeait ses textes à la moindre objection du jeune homme. Il le couvrit de cadeaux, parmi lesquels une montre à gousset Longines qui avait appartenu à son père.

Quand Brandon Lewis ne voyait pas son protégé, une langueur sans pareille le gagnait. Il perdait tout appétit de vivre. Il ne pouvait rien faire d'autre que lui écrire des lettres où il se risquait à l'appeler « mon petit faon des forêts de Bald Eagle », « mon lapin à la queue cotonneuse » ou, bien plus laconique mais tout aussi fort, « coyote ».

Quand la guerre de Sécession éclata, Zacharias Spears se fit enrôler comme chirurgien dans l'armée du Potomac, sous les ordres du général George Brinton McClellan. Il ne revit jamais plus Brandon Lewis. Quelques semaines après son départ, celui-ci passa de vie à trépas en s'étouffant avec une arête.

## 13.

Ce conflit fit plus de blessés que de morts et davantage d'amputés que de blessés. Dans la chaleur qui accablait les États mississippiens, une simple égratignure dégénérait très souvent en plaie purulente au bout d'une semaine et se gangrenait les jours suivants.

Zacharias Spears eut donc surtout à pratiquer des amputations. Pendant les batailles de Fredericksburg, Chickamauga et Bull Run, il sectionna une incroyable quantité de mains, jambes, doigts, bras et oreilles.

Quand il avait tissé des liens amicaux avec un combattant devant être opéré et que le temps le lui permettait, il déployait ses talents d'embaumeur afin de préserver le membre prélevé. Après l'avoir saupoudré de sel de mer, il le plongeait dans un bocal contenant une solution composée de six livres d'alcool éthylique et de huit onces de poudre d'alun. S'il ne disposait pas de ces produits de base, il remplaçait l'alcool par du rhum et ajoutait une cuiller à thé de sublimé corrosif pour que le membre amputé conservât ses couleurs. Il est toujours plus facile de se remettre de la perte d'une partie de son corps quand on peut en garder les vestiges.

Grâce à ses bons offices taxidermiques, de nombreux soldats regagnèrent leur foyer manchots, boiteux, borgnes ou privés d'oreilles, mais avec des bocaux où flottaient les parties amputées de leur corps. Ces vétérans vouaient une telle reconnaissance à Zacharias Spears que, chaque année, le 9 mai, ils se retrouvaient à l'Octopus, une taverne située au bout de New Hampshire Avenue à Washington, non loin du Potomac, pour trinquer et boire à sa mémoire, puis chanter et danser avec leurs crochets, bandeaux et jambes de bois jusqu'à tomber de sommeil.

## 14.

Pour les services qu'il avait rendus à la patrie pendant le conflit, on décerna à Zacharias Spears la récompense la plus prestigieuse susceptible d'être accordée à un homme de science de son âge en le nommant membre honorifique de l'Académie des sciences de Philadelphie, et on lui proposa d'occuper le fauteuil de Charles Willson Peale, vacant depuis de longues années.

Il n'y eut donc pas matière à s'étonner quand, au moment de désigner le directeur du musée, le directoire porta son choix sur Zacharias Spears qui n'accepta cette distinction qu'après avoir rendu grâce à ceux qui avaient placé tant de confiance dans sa personne, et jura de faire tout son possible pour doter l'Amérique d'un Panthéon abritant les héros de son Histoire naturelle.

Peu de temps après commencèrent à arriver de la capitale, à l'intérieur de caisses dûment scellées, 4 000 minéraux, 1 000 fossiles, 3 500 végétaux, 2 000 invertébrés marins, 3 000 insectes, 5 000 amphibies, 8 000 reptiles,

7000 oiseaux et 6000 mammifères envoyés par le département de l'Intérieur, pour la plus grande joie de ses employés.

On acheta les collections de plusieurs cabinets de curiosités de Géorgie, d'Alabama ou de Caroline du Sud, partiellement ou totalement détruits pendant la guerre, dont les propriétaires ne disposaient pas des recours suffisants pour les remettre en état. Encouragés par ces exemples, de nombreux antiquaires vendirent leur fonds contre une rétribution qui dépassait toutes leurs espérances. Le Musée d'histoire naturelle fut créé.

Dorothy Presley donna sa collection d'art anglais. Henriette Banks céda ses tableaux flamands, italiens et espagnols. Désireuse de faire de l'ombre à ses rivales, Annabeth Murphy Atwood apporta sa pierre à l'édifice en se séparant d'un lot qui comprenait un nombre impressionnant de chefs-d'œuvre européens. D'éminentes familles léguèrent les portraits d'ancêtres qui avaient combattu sous la Révolution et ornaient des salons, placés au-dessus d'une cheminée. Matthew Gray offrit plus de cent portraits de George Washington, de face ou de profil, assis, à pied ou à cheval, dont certains étaient inachevés. Addison Scott Jr. céda un tableau qu'il avait réalisé lui-même et qui représentait Zacharias Spears en train d'embaumer un furet aux pattes noires. Il y avait à présent assez de matériel pour fonder une Galerie des beaux-arts et des portraits nationaux.

Les dépôts du château furent tellement encombrés par cette multitude de dons qu'il fallut entreposer provisoirement certaines pièces dans les galeries. L'objet que Zacharias Spears préférait entre tous était une météorite découverte dans le désert de Chihuahua par les troupes américaines pendant la guerre contre le Mexique. Elle était arrivée de San Antonio par le train. Dès qu'elle avait été cataloguée, on s'empressa de la placer dans le hall central.

# II.

# *Histoire naturelle*

## 15.

Zacharias Spears confia la gestion de la Galerie des beaux-arts et des portraits nationaux à Annabeth Murphy Atwood en lui allouant un budget annuel de 150 dollars. Il pourrait ainsi se consacrer pleinement à sa passion, la création du Musée d'histoire naturelle.

Des mois durant, assisté par Miss Sullivan, sa secrétaire, il réfléchit à la manière de disposer les spécimens dans les vitrines en respectant une contiguïté qui obéirait à des règles précises et ne tomberait pas dans le défaut de nombreux cabinets de curiosités, qui cherchaient davantage à distraire et à divertir qu'à instruire, avec leurs armoires bourrées de toutes sortes d'objets : tatous empaillés, bocaux contenant du sang de dragon, plumes de nandous, un pistolet utilisé pendant la bataille de Long Island, portraits d'Elizabeth Lucy Morris réalisés par sa fille aveugle, plusieurs copies du tableau de Benjamin West connu sous le titre d'*Agrippine débarquant à Brindisium avec les cendres de Germanicus*, un squelette de sirène.

Mr. Spears rêvait que le visiteur qui pénétrerait dans son musée fût prêt à une telle aventure, à entreprendre un voyage dans des lieux et des époques reculés, un déplacement dans un véhicule encore plus rapide que le train le plus véloce, comme peut l'être l'imagination lorsqu'elle se place sous la houlette de la science. Contrairement au voyageur qui va d'un endroit à un autre en payant un prix exorbitant pour son transport, son hébergement et sa nourriture, les visiteurs du musée pourraient parcourir sur une distance de quelques yards un territoire en principe sillonné de montagnes, de fleuves et de déserts. Pour la modique somme de 2 *cents*, le Musée d'histoire naturelle donnerait à voir le spectacle du monde, comprimant à échelle humaine le temps parcimonieux des planètes, de sorte que même un enfant serait en mesure d'observer en quarante minutes ce qui avait mis des milliards d'années à survenir.

## 16.

Zacharias dicta à sa secrétaire un texte pour la fondation du Musée national d'histoire naturelle sans cesser de froncer les sourcils. Il arpentait son bureau et ne s'immobilisait que lorsqu'une idée lumineuse l'assaillait. Miss Sullivan prenait des notes tachygraphiques sans oublier une virgule, savourant le nectar distillé par l'homme de science.

Quand les visiteurs auraient traversé le hall de l'entrée Nord, les aiguilles d'une horloge hypothétique commenceraient à tourner à l'envers à une vitesse vertigineuse, indiquant un temps rétrograde où le jour présent serait l'hier, l'hier l'avant-hier, un temps antérieur à la naissance des nations modernes, à l'effondrement des empires et à la fondation des religions les plus anciennes, à l'invention de l'horloge, un temps précédant le temps, où une seconde équivalait à plusieurs millions d'années, quand la Terre n'était qu'un bébé astre à peine sorti de l'utérus du Soleil.

Dépourvue de la majesté de Jupiter, de la gravité de Saturne avec ses sept anneaux de méthane gelé et même des réverbérations vespérales de Vénus, la Terre était dans son jeune âge une des planètes les moins charmantes du système solaire.

Dès sa naissance, cette sphère fut heurtée par une planète jumelle qui n'avait rien trouvé de mieux que de tourner autour du Soleil sur la même orbite, mais dans le sens inverse à celui de la Terre, faisant preuve d'une totale irresponsabilité. La collision laissa notre planète sur un axe de rotation vacillant, incliné à vingt-trois degrés, handicapée à vie. De constitution beaucoup plus fragile, sa sœur jumelle se pulvérisa aussitôt en soulevant un nuage de plâtre à partir duquel naquit le petit astre qu'on appelle la Lune.

Il resta des vestiges de cet accident dans les pierres lunaires, qui après plusieurs billions d'années de résidence acquirent la nationalité terrienne en se transformant en précieuses gemmes qu'on pourrait admirer dans la salle I de la Galerie des minéraux.

17.

Bombardée sans relâche par des météorites, la surface terrestre fut le théâtre d'une activité volcanique intense qui s'étendit jusqu'à plus de la moitié du Précambrien. Nul n'aurait misé un *cent* sur ce corps céleste tout cabossé, enveloppé d'une atmosphère malodorante constituée de nitrogène, d'ammoniac, de vif-argent et de dioxyde de carbone. Cependant, dans un univers où tout n'est que répétition, notre planète fut le théâtre d'une histoire exceptionnelle.

De manière imprévisible, à plus de trente mille pieds d'altitude, l'hydrogène s'amalgama à l'oxygène, formant dans l'atmosphère de la vapeur d'eau qui se précipita sur la Terre sous forme de pluie, puis recouvrit l'écorce turbulente et créa un océan bleu turquoise. Il est vrai que cette mer en état d'ébullition était parfaitement vénéneuse pour tout être vivant, à cause des hautes concentrations de soufre déversées par les évents volcaniques dans des fumerolles noires dont la température pouvait atteindre 800 °F.

Il fallut attendre des millions d'années pour que la mer refroidît. C'est à cette époque que la Nature se mit à agiter une salière et déversa sur cette soupe primordiale des particules capables de se reproduire par elles-mêmes. Pour employer des termes plus exacts rendant justice à la réalité, une pluie de comètes provenant d'une galaxie lointaine s'abattit sur la Terre et dispersa dans l'océan des milliers de spores gelées à l'origine des premiers habitants de notre planète : des champignons qui s'acclimatèrent à merveille à leur nouvel habitat et se multiplièrent.

## 18.

La soupe primitive fermenta.

Dans ce bouillon apparurent, par duplication et variation des premières particules, des algues qui proliférèrent sans difficulté, profitant de ce que cette jeune planète était incapable de mettre un frein à leur croissance. La mer se peupla brusquement de colonies de sargasses vertes, rouges, jaunes, bleues et orangées.

« Comme le monde devait être beau et paisible en ce temps-là, avec toutes ces couleurs et pas un seul cri pour le crisper ! », s'exclama Miss Sullivan en cessant de tachygraphier.

Zacharias Spears lui lança un regard qui lui glaça le sang dans les veines.

La quiétude ne dura guère plus d'un million d'années (soit à peine quelques minutes en temps géologique). Un jour, un lichen se détacha de la plateforme sous-marine où il avait vu le jour et grandi. Entraîné par le courant, il se ramollit et perdit de sa substance au point de devenir translucide et gélatineux. C'est alors qu'il muta et fut nanti d'un orifice qui lui permettait de voir, d'entendre, de respirer, de manger, d'évacuer et d'embrasser. À l'endroit où il possédait des hyphes afin de s'accrocher aux roches poussèrent des filaments grâce auxquels il pouvait se déplacer là où il le désirait, progressant d'un pas sur le chemin de l'évolution. Il s'agissait de la première méduse.

Ce fut un des moments les plus désastreux de l'histoire de la vie. Les méduses infestèrent les océans. Sans le moindre scrupule, elles attaquèrent les autres espèces qui, pour se défendre de cette prédation inattendue, durent se couvrir d'épines. Face à la raréfaction des aliments, les méduses les plus grandes s'en prirent aux plus petites, mais ces dernières ne se laissèrent pas exterminer aussi facilement : elles se protégèrent avec des peaux blindées obtenues par absorption de calcium, un élément très abondant dans la mer, et s'inventèrent toutes sortes de valves et de cuirasses. Les premiers mollusques vinrent au monde, en particulier les ammonites, qui seraient exposées dans la salle III de la Galerie des invertébrés marins.

Cette apparition marqua le début d'une course aux armements effrénée. Le perfectionnement des systèmes défensifs favorisa le développement des tactiques d'attaque, qui obligea l'amélioration des dispositifs de protection, et ainsi de suite, dans une spirale de violence dont nul ne savait quand elle prendrait fin.

L'océan s'emplit de tentacules pourvus de ventouses, de pinces capables de briser une pierre, de pics et d'aiguillons qui, lorsqu'ils se plantaient quelque part, injectaient des poisons mortels. Afin de détecter la proximité d'un éventuel prédateur, certaines espèces en vinrent à posséder jusqu'à six yeux leur offrant un champ de vision qui s'étendait à la fois sur leur droite et leur gauche, en haut et en bas, devant et derrière elles. Sur d'autres se développèrent des glandes qui, au besoin, projetaient un nuage d'encre aveuglant sur l'agresseur, facilitant ainsi leur fuite.

Jusqu'au Dévonien supérieur, aucune espèce ne parvint à asseoir sa domination sur les autres, mais cet équilibre se brisa avec l'apparition des premiers poissons dotés de mâchoires à plusieurs rangées de dents. Lorsqu'elles s'ouvraient et se fermaient, ces mandibules pouvaient couper, déchirer et broyer n'importe quoi, y compris le double blindage des huîtres. L'invention de cette terrifiante arme de défense et d'attaque permit aux poissons de conquérir les mers, les fleuves et les lacs.

Ces tyrans mirent sérieusement en danger la biodiversité du monde marin en engloutissant jusqu'à leur extinction une invraisemblable quantité de trilobites, graptolites et palourdes, avant de s'entre-dévorer et d'instaurer une période de terreur au cours de laquelle, pour la première fois dans l'histoire du monde, les mers se teintèrent de rouge.

## 19.

Les océans, qui avaient été un des lieux les plus agréables de l'univers, devinrent d'une extrême dangerosité. Avant l'Ordovicien précoce, les êtres vivants pouvaient se promener dans toute région sous-marine et profiter des beautés d'un récif corallien ou admirer les formes plumeuses des crinoïdes. C'était désormais inenvisageable. Des mafias de poissons aux mâchoires acérées montaient la garde partout, prêts à planter leurs dents dans le moindre visiteur. Les assassinats au grand jour se multiplièrent, même dans les endroits les plus fréquentés, bien souvent gratuits, pour le simple plaisir de tuer. Cet accroissement de l'insécurité eut pour conséquence un des faits les plus importants de l'histoire de la vie : la conquête de la terre ferme.

Un jour, à marée basse, quelques poissons restèrent prisonniers sur une plage, confrontés à un dilemme. Soit ils replongeaient dans les eaux et succombaient entre les dents et les tentacules d'un prédateur, soit ils demeuraient sur la terre ferme, dans un environnement pour lequel ils n'étaient ni physiquement ni psychologiquement préparés, et où ils risquaient également de trouver la mort à moins de s'adapter. Heureusement, c'est ce qui arriva. C'étaient les premiers amphibies.

Un véritable exode se produisit. Lasses de vivre en milieu hostile, une infinité de créatures abandonnèrent la mer en files interminables, laissant ce qu'elles possédaient derrière elles. Beaucoup moururent pendant la traversée, victimes de maladies, du froid ou de la pègre animale. D'autres ne purent supporter d'être éloignées de leur lieu de naissance et retournèrent au bercail, où elles furent dévorées. Certaines espèces s'installèrent au bord de l'eau ou des marais et édifièrent des habitats précaires. Pour dissiper la tristesse, elles dansaient et croassaient, entonnaient des chants qui évoquaient le paradis de leur enfance sous-marine.

Ces expatriés se trouvèrent dans l'obligation de modifier leur mode de reproduction. Au lieu de lâcher des gamètes dans l'océan et de laisser les courants marins s'occuper du reste, ils durent s'ingénier à éviter le dessèchement de leurs fluides, et c'est ainsi qu'ils inventèrent le coït et l'œuf, révolutionnant l'histoire de la sexualité.

Les premiers animaux terrestres se mirent à forniquer en essayant tous types de positions, certaines plutôt acrobatiques, toujours plaisantes quoique par moments douloureuses. Le monde regorgeait d'œufs qui s'ouvrirent et dont sortirent des lézards, des salamandres et des vipères. Au cours de leurs premières excursions dans les terres, ils découvrirent des forêts de fougères, de lianes et d'arbres à escalader ou autour desquels s'enrouler. Les végétaux, qui avaient colonisé la Terre plusieurs millions d'années auparavant, étaient parvenus au sommet de leur splendeur, comme le prouvaient les séquoias pétrifiés mis au jour à Napa Valley, Californie, et exposés dans la salle VII de la Galerie botanique, qui mesuraient parfois plus de trois cents mètres de haut.

## 20.

La vie sur notre planète bénéficia pendant quelques instants (un demi-million d'années en temps géologique) d'une période clémente qui favorisa l'évolution de la matière vivante. Les reptiles connurent un développement extraordinaire et s'imposèrent en souverains du monde, prenant possession de territoires tels que les déserts, qu'aucun animal n'avait encore foulés jusqu'alors.

Pour les dinosaures herbivores, la vie sur la terre ferme fut une véritable bénédiction. Les iguanodons n'avaient qu'à lever le cou, qui mesurait déjà une quinzaine de pieds de long, pour atteindre les feuilles les plus tendres au sommet des arbres ou détacher des branches les fruits couverts de rosée, inaccessibles aux espèces de petite taille. Pour les carnivores qui se nourrissaient de ces herbivores si bien alimentés, la terre fut aussi un lieu paradisiaque. Il faisait toujours beau, sans chaleur excessive, avec un pourcentage d'humidité modéré et des vents légers venus du nord.

L'apparition des tyrannosaures amena des contrariétés. Ces bêtes de vingt-cinq pieds de haut qui pesaient plusieurs tonnes avaient besoin d'apports énergétiques équivalant à plusieurs déjeuners et dîners par jour, qu'ils métabolisaient dans des estomacs et des intestins gigantesques à en juger par les coprolithes exposés dans la salle XI de la Galerie des reptiles.

Ces monstres dont les yeux émettaient des rayons rouges se jetaient sur tout animal croisant leur chemin. Dotés d'un cerveau de tortue, ils étaient non seulement les dinosaures les plus gloutons, mais aussi les moins intelligents. Ils soufflaient et rugissaient en permanence, incapables de différencier un animal vivant d'un mort, un rocher d'un tronc, un lézard d'un crocodile. Il leur arrivait parfois de poursuivre leur propre queue en la prenant pour une autre bête, et de tournoyer jusqu'à en avoir le vertige et se fracturer la hanche. À force de se donner des coups, ils étaient constellés d'hématomes et d'égratignures.

« Mon Dieu qu'ils étaient bêtes ! », risqua Miss Sullivan.

Pour résister à leurs attaques effrayantes, de nombreux dinosaures s'ingénièrent à modifier leur anatomie, alliant la beauté à la défense. Certains se parèrent d'une crête dorsale. D'autres, hérissés de pointes, ressemblaient à des chevaliers médiévaux en cote de mailles et en armure. D'autres encore nimbèrent leurs cous de protubérances en forme de collerette, faisant songer aux pages de la cour de la reine Elizabeth à la représentation d'une tragédie sanglante de Christopher Marlowe.

## 21.

Pour survivre dans ce monde dominé par la violence, de nombreux sauriens, en particulier les plus petits, n'eurent d'autre solution que de vivre tapis dans les feuillages des arbres, le cœur au bord des lèvres. Non sans adresse, ils sautaient de branche en branche et même d'arbre en arbre, en quête de nourriture. Un jour, une de ces pauvres bêtes glissa et dégringola, mais plutôt que de se précipiter dans le vide et de s'écraser au sol au risque de se briser les os, elle profita de la force de sa chute pour changer l'énergie potentielle en force cinétique et inventa un nouveau moyen de locomotion : le vol. À sa grande surprise et à celle de ses congénères, le minuscule reptile se mit à planer, se laissa porter par le vent, puis se posa sur une branche située à un demi-mille de là.

Ces animaux de taille infime renouvelèrent l'expérience un nombre considérable de fois, au point de dominer la technique du vol à la perfection. Bien plus dégourdis que les gros bêtas qui semaient la terreur plus bas, ces reptiles découvrirent que s'ils agitaient leurs pattes ou bougeaient leur queue, ils pouvaient gagner ou perdre de l'altitude, tourner à droite ou à gauche, augmenter ou réduire leur vitesse. Ces nouvelles aptitudes les placèrent à l'abri de la férocité qui faisait rage au sol tout en mettant à leur disposition une nouvelle niche écologique, vierge jusqu'alors, où ils trouvèrent des conditions optimales pour triompher.

Le ciel fut colonisé par des ptérodactyles qui volaient dans toutes les directions, harmonieusement, sans s'entrechoquer, battant lentement des ailes ou planant à l'image de cerfs-volants tendus de peaux de serpent. Quelle grâce ils avaient ! Aucune autre espèce n'avait jusqu'alors possédé autant de légèreté. Leur coexistence avec les bravaches sans éducation qui gouvernaient la Terre de manière despotique avait dû être bien pénible, mais ils se sentaient sans doute désormais des princes au milieu des vandales.

De ces reptiles ailés descendirent les oiseaux qui portèrent encore plus loin la beauté aérodynamique des albatros, des aigles et des condors empaillés exposés dans les vitrines de la Galerie ornithologique.

## 22.

Cette période de légèreté ne dura guère. À la fin du Crétacé, une météorite s'écrasa dans le désert de Sonora, laissant un cratère à partir duquel se forma le golfe de Californie. Si dans un premier temps un aérolithe avait apporté la vie, cette fois il sema la mort.

L'explosion était d'une telle magnitude que tous les êtres vivants qui se trouvaient à cinq mille milles à la ronde furent foudroyés dans l'instant. Les eaux de l'océan se retirèrent, puis des vagues gigantesques détruisirent tout sur leur passage et noyèrent les nombreuses espèces réchappées de l'hécatombe initiale.

Un nuage de poudre d'iridium recouvrit la Terre, qu'elle plongea dans le noir. La température baissa brutalement et l'hiver le plus long de notre histoire planétaire débuta, au cours duquel la calotte glaciaire s'étendit jusque dans les tropiques.

Sans lumière, une grande partie de la flore disparut et avec elle la majorité des herbivores, dont la raréfaction entraîna celle des carnivores. Cette catastrophe décima quatre-vingt-quinze pour cent des espèces et produisit dans l'histoire de la vie un recul considérable.

## 23.

« Mais "recul" n'est peut-être pas le terme le plus approprié », précisa Zacharias Spears en priant Miss Sullivan de corriger immédiatement ce qu'il venait de dire.

La Nature ne fait jamais marche arrière. Quand un obstacle surgit devant elle, elle prend des chemins de traverse. Au lieu de détruire, elle préfère raturer. Chaque période d'extinction est suivie d'un temps de régénération, à croire que la vie obéit à une arithmétique contraire à la logique et stipule que pour additionner, il faut soustraire.

## 24.

La collision de la météorite provoqua une onde radioactive qui modifia l'anatomie des espèces survivantes, parmi lesquelles figurait un crustacé jusqu'alors passé inaperçu et appelé à jouer un rôle essentiel dans les métamorphoses de la matière vivante. Ce crustacé, plus précisément une sorte de crabe qui avait réussi à résister à l'hécatombe en s'alimentant d'algues pourries, muta. Sa carapace se fendilla brusquement, laissant entrevoir un animal velu avec des oreilles et des tétines : le premier mammifère.

Les mammifères survécurent à l'ère glaciaire, roulés en boule dans des cavernes obscures, se tenant chaud les uns les autres, nourris de mousse et d'excréments. Quand la température s'éleva à 60°F et que le dégel s'amorça, une de ces créatures se risqua à sortir le museau et quitta son repaire pour aller se promener. En constatant que le monde était de nouveau un jardin où poussaient toutes sortes de plantes, d'arbres et de fleurs, elle émit un cri, un signal à l'intention de ses congénères.

De leurs terriers surgirent des milliers d'écureuils qui se mirent à sautiller dans les prés, escaladèrent les noisetiers, les châtaigniers et les noyers avec beaucoup d'agilité. S'adaptant facilement à toutes les niches écologiques, ces animaux à l'activité sexuelle frénétique et dotés d'un grand pouvoir de séduction devinrent les rois du monde grâce à leur incroyable capacité de transformation.

## 25.

Le visiteur qui observerait avec attention n'importe lequel des spécimens embaumés exposés dans les vitrines des salles XX, XXI et XXII de la Galerie des mammifères, et qui désirerait se livrer à un exercice d'anatomie comparée, remarquerait sans trop d'efforts que tous descendaient de cet ancêtre escurélien.

« La chauve-souris est un écureuil caché sous une cape qui n'a pas réussi à masquer ses problèmes de calvitie, affirma Miss Sullivan.

— Exact. »

Le lapin était un écureuil albinos rondouillard aux poils longs et raides. Le cerf, un écureuil incorrigiblement coquet qui s'était coupé la queue et implanté des bois afin de paraître plus grand ; il marchait avec tant de grâce sur ses sabots peu commodes que les autres espèces en étaient folles de jalousie. Le buffle était un écureuil bossu et chauve, en surpoids, porté sur la boisson. Quant au mastodonte laineux, il s'agissait d'un écureuil frileux encore plus bedonnant, avec une trompe et des défenses. L'ours à face courte, le mammifère le plus impressionnant par sa taille, était le roi des animaux.

## 26.

Dans un univers où tout est répétition, notre planète fut le décor d'un fait unique, lorsque fit irruption sur la croûte terrestre l'animal le plus parfait de tous ceux ayant existé, appelé à devenir le seigneur et maître du monde.

L'événement survint quand, après une série de mutations, des écureuils d'une certaine variété grandirent au point de mesurer plus de cinq pieds et adoptèrent définitivement la posture des bipèdes, puis se mirent à parler, à émettre des cris aux sens divers. Ensuite ils découvrirent le feu, firent griller les châtaignes, noix et noisettes avant de les manger, car les ingérer crues les dégoûtait. Parvenue à ce point culminant de l'évolution de la matière, la Nature ne se contenta plus de produire et de se reproduire, mais s'attacha à réfléchir sur elle-même, pour elle-même et en elle-même.

À quel instant précis advint ce qu'il advint ? Comment ? Y avait-il une Volonté intelligente derrière ces faits ou tout fut-il le produit du hasard ?

Drôles de questions ! Entre les mammifères descendant de l'écureuil et l'homme tel que nous le connaissons aujourd'hui, il existe un abîme sidéral, à croire que la Nature s'est amusée à faire voler en éclats le pont qui, à un moment donné, a uni l'animalité à l'humanité afin que personne ne puisse lever le voile sur ses mystères.

On ne connaît avec certitude que l'endroit où ce prodige eut lieu : l'Amérique. Les restes fossiles d'humains mis au jour chez nous remontent à une période géologique très ancienne, alors que sur d'autres continents leur datation est plus récente. Il n'y a pas longtemps, dans le New Jersey, on a découvert des mâchoires d'homonculidé, le plus vieux fossile anthropoïde du monde.

« Mais ne dit-on pas que l'homme est arrivé en Amérique depuis le continent asiatique ? répliqua Miss Sullivan.

— Bien sûr que non », désapprouva Spears sans cacher son agacement.

Cette théorie était fausse et trop répandue, il fallait en arracher les fondements jusqu'à la racine, comme une ortie. Sans le moindre doute. Les premiers hommes étaient apparus en Amérique et, de là, ils avaient peuplé le reste du monde, traversé l'isthme de Béring jusqu'au continent asiatique où ils étaient devenus des Chinois, des Mongols, des Indiens, des Perses, des Égyptiens, des Hébreux, des Grecs, des Romains et des Anglais avant de lever l'ancre depuis Plymouth et de regagner l'Amérique.

## 27.

En son for intérieur, Zacharias Spears redoutait que les modestes mâchoires d'homonculidé – qui, comble de malchance, étaient édentées – exposées dans la dernière vitrine de la dernière galerie fussent malgré leur indéniable ancienneté un motif de déception pour ceux qui désiraient clore leur visite par la contemplation du squelette complet et bien patiné d'un homme fossile transperçant un mammouth avec sa lance.

Mais ne pouvait-on pas adresser le même reproche au Musée d'histoire naturelle de Saint-Pétersbourg, qui ne possédait qu'un crâne bosselé d'un homme de Heidelberg ? Ou à celui de Copenhague, qui se vantait d'exhiber une côte fissurée de l'homme de Java ? Sans parler du Cabinet royal de Madrid, qui avait présenté pendant des années une vertèbre d'ours en la faisant passer pour la hanche d'un enfant de Cro-Magnon.

Zacharias Spears avait conscience des lacunes du musée. Loin de les nier, il fit tout ce qui était à sa portée pour limiter les frustrations et les mécontentements. Afin de compenser toute éventuelle désillusion, les visiteurs auraient à la fin de leur périple le loisir d'acquérir dans la boutique, à des prix raisonnables, des casse-tête représentant des ptérodactyles, des mobiles composés de méduses, des écureuils en peluche, un écrin de verre contenant un fragment de météorite.

Et ce n'était pas tout.

« Si après quarante minutes de parcours quelqu'un sortait du Musée d'histoire naturelle sans être satisfait à cent pour cent, je m'engage à lui rembourser immédiatement et sans autres formalités l'argent du billet d'entrée, qu'il lui suffira de présenter au guichet des réclamations. »

## 28.

Heureusement, cette mesure de précaution se révéla inutile.

Après l'inauguration, le musée accueillit en à peine un mois plus de 30 000 visiteurs, soit une moyenne de 1 000 par jour et 125 par heure, venus s'extasier devant la beauté d'une huître ramassée sur les rives du lac Ontario. Ils résidaient pour la plupart dans la capitale, mais d'autres avaient voyagé expressément depuis l'Ohio, le Michigan ou la Géorgie afin d'admirer les merveilles de la collection.

Certains jours de la semaine, surtout le samedi et le dimanche, l'affluence était considérable. Plusieurs heures avant l'ouverture se formait devant la porte une queue qui rapidement serpentait, composée d'hommes et de femmes, de parents et d'enfants, de personnes jeunes et âgées. Tous brûlaient de curiosité. Pour rendre l'attente plus supportable, ils apportaient des chaises et des provisions, lisaient les journaux ou chantaient.

Lorsque les portes s'ouvraient, des altercations se produisaient souvent à cause de ceux qui essayaient de passer devant les autres en invoquant des obligations professionnelles, un train à prendre ou des soucis de santé. Il était très malaisé de contenir cette foule si assoiffée de fossiles.

Un dimanche de novembre, devant ce déferlement, le musée ferma avec une heure d'avance, interdisant d'entrer à la multitude de gens qui avaient patienté pendant près de trois heures sous la neige mouillée. Une mutinerie éclata. Le gardien, qui voulut s'interposer pour calmer les esprits, se fractura un membre. Il fallut appeler la police municipale. L'incident se solda par cinquante arrestations. L'opinion publique s'émut du cas de Mrs. Worthingham, une veuve qui s'était déplacée de New London, Connecticut, dont les enfants périrent piétinés lors de l'insurrection.

On dut engager un corps de vigiles spécial pour monter la garde devant l'entrée, canaliser les débordements et mettre à la portée de tous la possibilité de vivre dans les meilleures conditions cette aventure palpitante sans le moindre danger.

Quel père aurait accepté que son enfant se tînt à quelques mètres d'un megalosaurus pouvant le balayer d'une patte aussi lourde qu'un éléphant ? Quel gentleman aurait laissé son épouse ou sa fiancée nager dans la mer, près d'un requin fondant sur elle à toute vitesse, la gueule grande ouverte, au lieu de flotter de manière inerte dans un bocal de formol ? Qui se serait risqué à observer en toute quiétude une tarentule attendant le moment propice pour attaquer sans avoir été au préalable transpercée par une épingle dans une boîte translucide ?

## 29.

Cette accumulation de visiteurs ne suffisait pas à Zacharias Spears. Il désirait que sa collection représentât davantage qu'une simple promenade dominicale. Dès sa nomination, il avait projeté de fonder le plus grand musée du monde, à faire pâlir l'Europe miteuse. Pour réaliser ce rêve il lui fallait acquérir davantage de spécimens, ce qui n'était pas aussi facile qu'auparavant.

Dans l'intention d'émuler le succès washingtonien, les villes de Chicago, Philadelphie, Boston et New York s'étaient empressées de créer leurs musées d'histoire naturelle, de rivaliser d'ingéniosité en exposant leurs pièces afin d'attirer le maximum de visiteurs. Et elles y étaient parvenues. Tout le monde s'était lancé dans une compétition féroce.

Avec la loi de l'offre et de la demande, l'intervention d'une main invisible qui orientait les échanges monétaires levait çà et là le bras d'un collectionneur, faisait s'abattre le marteau du commissaire-priseur lorsque le prix avait atteint sa cote la plus élevée, les valeurs étaient à la hausse. Acheter une musaraigne embaumée dans le cabinet de curiosités d'une petite localité comme Donaldsonville, Louisiane, constituait désormais une opération assez onéreuse. Quant aux fossiles, mieux valait ne même pas en parler.

Cette année-là, un squelette de smilosuchus, l'arrière-grand-père du crocodile moderne, qui avait été vendu 15 dollars par le passé, en coûtait à présent 50. Il s'agissait en outre d'un fossile très commun et par ailleurs incomplet car il ne comptait que quelques vertèbres. Si on voulait accéder à des fossiles de première qualité, comme par exemple un diplodocus tout entier, on devait débourser des sommes astronomiques qui allaient grossir les poches des spéculateurs.

Zacharias Spears faisait travailler ses méninges, à la recherche d'une idée digne de son génie scientifique appliqué à l'art d'administrer un musée, lorsqu'il trouva soudain la solution ; ou, plutôt, la solution vint à lui le jour où Miss Sullivan frappa à la porte de son bureau et lui annonça que le sénateur Payne souhaitait le voir. Bien que cet homme n'eût sollicité aucun entretien, Spears l'invita à entrer et lui proposa une tasse de thé.

Sitôt installé, Ethan Payne se mit à déblatérer à n'en plus finir.

# III.

## *Au-delà du Mississippi*

# 30.

Bien avant que le Sud ne se soulevât contre le Nord et que le Nord n'attaquât le Sud pour l'écraser dans une lutte à mort de pur prestige, l'Est avait commencé à s'étendre vers l'ouest, comme cela était déjà survenu à l'ère des Royaumes combattants, quand l'État de Qi avait affronté celui de Wei, que la Perse avait envahi la Grèce, Rome annexé Carthage, et les Vikings conquis le Vinland. Sous l'effet de la rotation de la Terre, l'histoire n'est pas simplement une répétition, une tragédie ou une comédie, mais aussi un déplacement d'est en ouest.

Dans un premier temps, des explorateurs et des trafiquants de peaux de castor progressèrent timidement. Puis, d'un pas plus résolu, des militaires liquidèrent tous les natifs et les bisons rencontrés sur leur route. Ensuite arrivèrent des chariots chargés de pionniers qui recouvrirent les terres comme les sauterelles en Égypte.

Après avoir clôturé des terrains acquis dix dollars l'acre, ils édifièrent des cabanes. Sans perdre de temps, ils se mirent à labourer et élever du bétail tout en concevant des enfants à même de les aider à l'élevage et au labour. Afin de dissiper leur tristesse d'avoir abandonné leur terre natale, ils jouaient de l'harmonica ou du violon, entonnaient des chansons qui leur rappelaient le paradis d'une enfance passée dans les Appalaches.

Au début ce ne fut pas simple, mais au début rien n'est jamais simple. Les champs n'étaient pas toujours fertiles, le givre brûlait souvent le blé, les précipitations excessives faisaient pourrir les racines du maïs, la sécheresse tuait les poules. La flamboyante épouse, une beauté que tous les voisins convoitaient à son arrivée, était devenue dix ans plus tard une sorcière qui fouettait ses enfants affamés et bruyants.

Loin de les décourager, toutes ces vicissitudes endurcirent le caractère des hommes qui n'eurent de cesse de lutter pour maîtriser ces espaces sans craindre les tribus d'Indiens qui attendaient les nuits de pleine lune pour assaillir les villages sans défense telles des hordes de hyènes, voler les chevaux et attenter à la vertu des dames et des jeunes filles pubères.

Aucune menace, aucun danger ne les fit reculer. Bien au contraire. Chaque obstacle qui se présentait leur insufflait davantage de forces. À une vitesse de croisière de soixante-dix milles par an, la frontière se déplaça de manière irréversible de l'Atlantique vers le Pacifique. Les enfants des pionniers originaires du

Kentucky s'établirent dans l'Illinois et, à son tour, leur descendance s'installa dans le Nebraska, et ainsi de suite jusqu'à peupler la Californie et l'Oregon, où Celui-Qui-Bénit-Tout-Du-Haut-Des-Cieux avait expectoré une si grande profusion de sables aurifères qu'il suffisait pour s'enrichir de plonger une main dans un fleuve, fermer le poing et se remplir les poches de pépites.

En un clin d'œil, les mâchoires de ce Léviathan dévorèrent steppes, forêts, prairies, montagnes, fleuves, gorges et déserts. Mais ce qui avait été englouti en un temps très bref ne put être digéré au même rythme. Entre le Mississippi et le Pacifique restaient d'immenses espaces à explorer et à occuper.

Qu'y avait-il entre le Kansas et le Nevada, le Dakota du Nord et le Texas ? De l'or ? De l'argent ? Peut-être du tungstène ? Combien de tonnes d'orge était susceptible de produire chaque acre de terre dans le Nebraska ? Le climat de l'Idaho était-il propice à l'élevage de dindes ? Où devait-on construire les nouvelles villes ? Où déplacer les tribus primitives pour qu'elles ne constituassent pas une menace ? Et ce n'était pas tout. Quelles espèces d'animaux et de plantes, inconnues jusqu'alors, pullulaient dans le Montana ? Y avait-il des gisements fossilifères dans le Dakota du Sud ? De nombreux investisseurs ayant clairement manifesté leur volonté d'effectuer des transactions dans ces régions, le gouvernement fédéral décida de dissiper tous les doutes.

« Ne vous faites pas d'illusions, Mr. Spears. Les négociations fructueuses sont le contraire d'un bon mariage. À l'inverse d'un jeune marié, un banquier ne placera jamais son argent dans des territoires vierges », déclara le sénateur Payne.

À la demande du département de l'Intérieur, le Congrès était résolu à prospecter de manière exhaustive les richesses géographiques, géologiques, botaniques, zoologiques et humaines que recelait l'Ouest. Comme toujours, l'inconvénient majeur résidait dans le coût de ces expéditions. Il fallait non seulement rétribuer les expéditionnaires, mais aussi payer selon la législation en vigueur les assurances en cas de problème de santé ou d'accident, sans oublier les sommes destinées à financer une sortie nocturne dans des tavernes construites au milieu de nulle part, pour boire un verre, monter l'escalier en chancelant, se perdre dans un labyrinthe de couloirs et frapper à la porte du bordel. Tous ces frais s'élevaient en moyenne à 200 dollars par expédition. Le gouvernement fédéral était prêt à contribuer à hauteur de 75 dollars, mais en ces temps d'austérité, il ne mettrait pas un *cent* de plus. Une commission parlementaire dirigée par le sénateur Payne avait été nommée pour trouver des sources de financement parallèles. Après avoir avalé une gorgée de thé, complètement froid à ce stade de la conversation, Payne formula enfin la question qui l'avait amené dans le bureau de Spears :

« Vous pensez que votre musée pourrait participer financièrement à une expédition pour élargir les connaissances des hommes, et y contribuer en allouant une somme… ce n'est qu'un exemple… de 35 dollars, ou peut-être 50 ? Votre générosité, Mr. Spears, vous serait remboursée au centuple. »

## 31.

Le sénateur ne mentait pas.

Si les spécimens collectés par Lewis & Clarke avaient suffi à remplir les trois quarts du Musée d'histoire naturelle, il y avait fort à parier que les nouvelles expéditions permettraient d'ouvrir une nouvelle salle consacrée aux fossiles et ossements transmississippiens.

Zacharias Spears subventionna plusieurs missions d'exploration dirigées par des militaires à la retraite assoiffés d'aventure, ou bien des ingénieurs fraîchement diplômés qui avaient envie de faire figurer une première expérience dans leurs curriculums. Ils cartographièrent avec minutie les centaines de milles carrés compris entre la Sierra Nevada et les Rocheuses, les territoires britanniques du Canada et la République tropicale du Mexique, en prenant soin de corriger à mesure qu'ils progressaient les erreurs qui grevaient les cartes précédentes.

Ces expéditionnaires se frayèrent un passage dans des prairies où paissaient les derniers bisons, s'enfoncèrent dans des forêts de pins s'élevant à plus de huit mille pieds d'altitude, passèrent à gué des fleuves et des lacs d'eau salée, traversèrent des déserts, escaladèrent des montagnes, firent une halte pour griller un cerf qu'ils venaient de chasser. À la fin du dîner, ils s'endormirent entrelacés, au mépris de toute hiérarchie – du moins cette nuit-là –, la tête de leur chef reposant sur le torse velu du commis de cuisine.

Après ce repos bien mérité, ils levèrent le camp et reprirent la route. Méticuleux, ils calculèrent à l'aide d'un sextant la latitude et la longitude des canyons, attribuèrent à chaque accident géographique le premier nom qui leur vint à l'esprit, faisant voler d'un coup de plume l'ancienne toponymie. Ils cueillirent des herbes, capturèrent des animaux qu'après dépeçage ils plongèrent dans le brandy afin d'éviter leur décomposition. Ils déterrèrent des os de monstres antédiluviens ou des restes qui y ressemblaient, se trouvèrent nez à nez avec des groupes de Cheyennes, d'Arapahos, de Shoshones, de Païutes et d'Utes qui disparurent aussi vite qu'ils étaient apparus, abandonnant à côté du feu leurs ustensiles de cuisine primitive que les autres s'empressèrent de ramasser, laver et ranger.

Dans les lueurs du crépuscule, d'aucuns écrivirent de très mauvais poèmes, motivés par la délicieuse terreur que leur inspirait le paysage, des images qu'ils associaient au souvenir d'un premier amour malheureux, rouvrant dans leurs entrailles une blessure qui ne cicatriserait jamais. D'autres préférèrent tenir un journal, d'autres encore photographier des perspectives à couper le souffle ou prendre eux-mêmes la pose dans une attitude de chasseur, leurs bottes posées sur la tête d'un ours qu'ils avaient découvert déjà mort.

Après avoir vécu des milliers d'aventures et de mésaventures, ils regagnèrent Washington avec non seulement une collection de cartes qui décrivaient très précisément le relief, traduisaient les humeurs du climat dans la langue des isobares, isohyètes et isothermes, mais aussi tout un contingent de pierres, plantes, animaux et fossiles à même d'enrichir le trésor smithsonien.

## 32.

Comme celui de Washington, les autres musées américains se mirent à financer des expéditions. Lorsque le lieutenant Wilson rentra de Green River, en Utah, et que vint le moment de répartir ses trophées, Zacharias Spears apprit que Mr. Russell, le directeur du Muséum Field de Chicago, avait lui aussi investi de l'argent dans une partie de l'excursion, raison pour laquelle il fallait au bout du compte partager le butin. Les spécimens ne posèrent aucun problème. La dispute éclata à propos des restes d'un ptérodactyle dont le squelette, le plus complet trouvé jusqu'alors, comptait 293 pièces et avait été baptisé Jonathan Charles.

Zacharias Spears réclama ces ossements. Le directeur du Muséum Field aussi. Ayant dépensé 50 dollars dans l'opération, Mr. Spears s'estimait prioritaire. Ayant pour sa part payé les honoraires du naturaliste-voyageur qui avait découvert le volatile préhistorique, Mr. Russell trouvait normal d'avoir la préférence. Le directeur du Musée d'histoire naturelle de Washington mit 50 dollars supplémentaires sur la table. Scott Russell fit de même. Spears monta jusqu'à 100. Russell l'imita.

Le litige fut porté devant les tribunaux. Le juge décréta qu'on couperait Jonathan Charles en deux : le corps irait à Washington, les ailes à Chicago. Aucune des deux parties n'accepta la sentence. On interjeta appel. Il eût été plus raisonnable de renoncer à ce procès et d'acquérir un autre dinosaure avec l'argent versé aux avocats, mais ni Mr. Spears ni Mr. Russell ne consentirent à baisser les bras. Il ne s'agissait plus d'élargir une collection, mais d'empêcher un rival d'exposer ces ossements qui attisaient la convoitise.

La Cour suprême trancha : puisque le ptérodactyle appartenait à l'Utah, où les restes avaient été exhumés, elle invita Salt Lake City à créer un musée où l'on pourrait voir cet oiseau-reptile qui, depuis la nuit des temps, était parvenu à voler jusqu'à nous. Mr. Spears et Mr. Russell restèrent sans fossile.

Des années plus tard, par des voies obscures et grâce à une somme d'argent dont le montant fut gardé secret, mais qu'on imaginait exorbitant, Jonathan Charles se retrouva dans une vitrine du Musée d'histoire naturelle de San Diego venant d'ouvrir ses portes et qui, pour se faire un nom, avait décidé de s'offrir ce trésor du Crétacé. C'était le premier musée fondé sur la côte Ouest.

## 33.

À compter de cet incident, Zacharias Spears fit montre de davantage de prudence dans le financement des expéditions. Il refusa catégoriquement de céder le moindre *cent* sans avoir au préalable établi par le menu les conditions de crédit, d'adjudication et de remboursement fossilifères. Cette précaution lui évita d'essuyer les revers subis par ses collègues.

Sans aller plus loin, le Musée d'histoire naturelle de New York déboursa 75 dollars pour un plésiosaure de 60 vertèbres trouvé à Aberdeen, Dakota du Sud. Cet arrière-arrière-grand-père de la baleine fut immédiatement exposé dans une salle à part, jusqu'à ce qu'un visiteur perspicace (selon d'autres sources, un dinosauriologue qui travaillait pour un musée rival) fît valoir que le monstre marin était en fait un agrégat d'ossements de plésiosaure, de serpent et de tortue. Comme ils gisaient dans la même niche et qu'ils avaient été bien mélangés, on avait cru qu'ils faisaient partie d'un seul squelette.

Pire fut le scandale qui éclaboussa l'Académie d'histoire naturelle de Philadelphie et qui se solda par le renvoi de son directeur, lequel avait commis l'imprudence de verser 100 dollars pour un tigre à dents de sabre supposément déterré dans la rivière Smoky Hill, Kansas, lequel en vérité avait été fabriqué dans un atelier de taxidermie d'Elizabeth City, Caroline du Nord, avec des os limés et peints de chat sauvage.

## 34.

Face à l'augmentation des escroqueries, Mr. Spears s'entoura de précautions et refusa de subventionner les expéditions du capitaine Peck, de Mr. Waldeck et, surtout, du lieutenant Whitney. Il ne devait jamais se pardonner cette dernière erreur. Sous le parrainage du musée Peabody, Gregory Whitney exhuma à Antelope Junction, Nebraska, un squelette humain assez ancien et en parfait état de conservation, accompagné d'un crâne de toxodon.

Après avoir soigneusement examiné ces restes, Mr. Marlowe, éminent dinosauriologue de l'université de Rochester, déclara qu'il s'agissait du fossile d'un

*Homo sciurus* ou homme-écureuil aux habitudes arboricoles, à en juger par les phalanges de ses membres inférieurs et supérieurs. Contemporain de la faune de l'ère tertiaire, ainsi que le démontrait sa cohabitation avec le toxodon, il n'était pas tout à fait exagéré de faire remonter son existence à six mille ans, ce qui lui permettait de décrocher le titre honorifique de doyen des fossiles anthropoïdes d'Amérique.

Cette découverte ébranla le monde de la science. Une fois encore, on avait la preuve que l'homme existait chez nous depuis des temps très reculés. La théorie selon laquelle il aurait été étranger à notre continent, originaire des plaines alluviales du Tigre et de l'Euphrate, ne tenait plus debout. Désormais, on ne pouvait plus considérer comme berceau du genre humain une région où on n'avait jamais retrouvé le moindre vestige de l'ancienneté géologique de l'homme.

## 35.

Zacharias Spears tenta d'acheter ce spécimen d'*Homo sciurus* en proposant à Jeremy Hall, le directeur du musée Peabody, quelque 200 dollars. Ce dernier ayant refusé, il augmenta son offre mais l'autre ne voulut rien savoir. Plutôt que de lui céder une pièce aussi précieuse, Mr. Hall aurait préféré qu'on lui tranchât les membres à la hache, en concentrant une hargne particulière sur ses parties génitales, et qu'on jetât sa dépouille mortelle dans le fleuve Charles.

Une grande nervosité gagna alors Zacharias Spears. Il commença à avoir des insomnies, et quand il parvenait à trouver le sommeil après avoir ingéré un somnifère, un cauchemar le réveillait en général au milieu de la nuit et il passait des heures à se tourner et se retourner dans son lit jusqu'à l'aube, qui le surprenait les paupières ouvertes et les yeux injectés de sang, obnubilé par des créatures disparues.

Un jour qu'il déambulait dans la Galerie des mammifères, il passa devant la dernière vitrine et crut voir bouger les mâchoires de l'homonculidé qui faisait la fierté de la collection. Comme on perçoit les aboiements qui sortent du museau d'un chien, il entendit tout à coup les ossements s'adresser à lui d'une voix criarde : « Hé, crâne d'œuf ! Plaie purulente de la science ! Serpillière de musée ! J'aimerais te mordre, mais je n'ai pas envie de m'infecter les gencives. »

## 36.

Au lieu de prendre une semaine de repos afin de dissiper ses vapeurs, Zacharias Spears persista dans ses desseins et se jura de ne s'accorder aucun répit tant qu'il n'aurait pas découvert l'os qui supplanterait en ancienneté le ridicule squelette de l'homme-écureuil.

Prêt à jouer le tout pour le tout, il résolut de financer une mission afin d'explorer la région du canyon de Montezuma, dans le sud du Colorado, où d'après le professeur Madison de l'université de Topeka, qui faisait autorité en matière de céphalométrie, il y avait de grandes chances de trouver des gisements ossifères humains d'époques reculées.

On avait déjà découvert, enfouies dans les défilés de ces parages, des ruines de villages disparus depuis des siècles dont on ignorait tout. Un an auparavant, lors de la construction des voies ferrées entre Durango et Silverston, un ouvrier avait fait sauter d'un coup de houe un os allongé qui s'était brisé en trois. Il s'agissait d'un fémur humain rongé par l'humidité. Non loin de là, on avait mis au jour 19 squelettes complets, 12 crânes, 35 vertèbres et 205 métacarpes que nul n'eut le temps d'examiner, car le lot fut aussitôt vendu au Musée d'ethnologie de Berlin.

## 37.

Zacharias Spears confia l'expédition au major Bloom, un ancien combattant dont l'intrépidité pendant la bataille de Vicksburg lui avait valu de recevoir la médaille de l'Honneur. L'homme venait de prendre sa retraite et était déterminé à tous les sacrifices pour faire progresser la science et découvrir l'origine de l'homme américain.

Si quelqu'un connaissait sur le bout des doigts chaque pierre de cette région, c'était Benjamin Bloom. Quand il avait exercé ses fonctions de commandant à Fort Lewis, il avait eu l'occasion de visiter des cimetières indiens cachés dans les gorges. Pour lui, affirma-t-il à Spears, déterrer des vestiges humains dans cette zone serait un jeu d'enfant.

Avant son départ, Zacharias Spears lui remit un pli avec des instructions, lui recommandant de prospecter la région du canyon de Montezuma afin d'y chercher des vestiges de fossiles humains. Il lui intimait aussi de tenir un journal minutieux de ses fouilles et de ses trouvailles, d'y noter la profondeur des sépultures et la position des squelettes. Le major Bloom s'engageait par ailleurs à se soumettre au devoir de réserve quant au déroulement de l'expédition. Il lui était formellement interdit de ramasser des objets pour son usage particulier, a fortiori pour les céder à d'autres musées.

## 38.

Le major Bloom rentra à Washington quatre mois plus tard. Il avait eu beau creuser avec application la zone d'exploration qu'on lui avait assignée, il n'avait exhumé aucun ossement. Une expédition parrainée par le Musée de l'homme de Stockholm l'avait regrettablement devancé. Ces chercheurs d'os avaient retourné le terrain et extrait toutes les richesses fossilifères possibles.

Confronté à cet imprévu, il s'aventura vers le nord-ouest où, au bout de quelques semaines, dans une des cavernes de Black Hawk Mountain, il découvrit à l'intérieur d'une urne glissée dans un sac deux enfants momifiés en position fœtale, à croire qu'au moment de mourir ils avaient repris la position de leur venue au monde. La peau rabougrie, les paupières cousues, ils proféraient de leur bouche béante une plainte que nul ne pouvait plus entendre.

Transporter ces deux trésors le long des vallées, sur le flanc des montagnes et dans les défilés constitua une opération malaisée. Bien que Benjamin Bloom eût pris la précaution de les envelopper de couvertures moelleuses, un des enfants perdit une jambe à force d'être cahoté sur le dos d'une mule.

Le trajet en train de Durango à Washington ne fut guère plus heureux. On avait entreposé les momies dans un coffre rempli d'étoupe, comme le requérait l'usage pour le transport des marchandises fragiles, mais lorsqu'on déballa les trophées dans le château smithsonien, on s'aperçut que l'autre enfant avait la nuque brisée.

## 39.

Non sans angoisse, Zacharias Spears chargea Mr. Heights, l'expert naturaliste du musée, d'estimer les deux corps embaumés et de déterminer leur ancienneté. Aaron Heights les compara à des momies égyptiennes et chinoises mises aux enchères chez Sotheby's, et calcula que ces dépouilles valaient 5 ou 10 dollars, pas davantage. Si elles avaient été en meilleur état de conservation, leur prix aurait peut-être pu s'élever à 30 dollars.

L'expert précisa qu'il n'était pas sûr d'être en mesure de les qualifier de momies au sens strict du terme, car pour mériter le terme de « momie » un corps devait au préalable avoir été éviscéré, déshydraté et bandé, sans compter qu'il lui fallait au moins cent ans d'existence.

Le degré d'effilochement du sac qui les enveloppait laissait supposer que les corps avaient été embaumés cinquante ans auparavant (ou soixante ou tout au plus soixante-quinze, mais certainement pas un siècle). Ces enfants étaient des contemporains de Guillaume IV et d'Adélaïde de Saxe-Meiningen, en aucun cas d'Aménophis III et de son épouse, la reine Tiyi.

Leurs restes ressemblaient davantage aux corps encore tièdes qui venaient de pousser leur dernier soupir sans avoir aucune expérience de la mort, qu'aux momies des pharaons au fait des sciences mortuaires depuis des millénaires. Était-il licite de qualifier de momies des cadavres aussi juvéniles ? N'auraient-ils pas dû reposer pendant des siècles avant de prétendre à ce titre nobiliaire ?

Aaron Heights laissait aux spécialistes le soin d'apporter des réponses à ces questions.

## 40.

Benjamin Bloom s'était engagé par contrat à remettre dès son retour d'expédition au Musée d'histoire naturelle des fossiles humains d'une valeur équivalente ou supérieure à l'argent investi dans l'entreprise. S'il rentrait bredouille, une clause stipulait que le major devait rembourser la différence.

Zacharias Spears le convoqua afin de lui enjoindre de régler au plus vite le solde entre ce qu'il avait rapporté et ce qu'il aurait dû rapporter. Bloom s'indigna au motif qu'il s'était exposé à de multiples dangers. Il avait parcouru plus de cinquante milles, escaladé une dizaine de canyons, passé trente-six heures sans boire ni manger et été piqué par un scorpion.

« Monsieur, répliqua Spears sans ciller, un contrat est un contrat. Je vous laisse quatre-vingt-dix jours à compter d'aujourd'hui pour réunir des fonds et nous rendre les 190 dollars que vous nous devez. Passé ce délai, je porterai l'affaire en justice. »

Bloom le traita de voyou de l'histoire naturelle, Spears de trafiquant de cadavres mineurs. Le major se mit brusquement debout et maudit Spears et ses géniteurs, ainsi que le Dieu qui demeurait au Ciel ou peut-être en Enfer, mais certainement pas dans ce musée. Spears se boucha les oreilles pour ne pas entendre les injures proférées par cette bouche putride comme un égout. Alarmée par les cris, Miss Sullivan apparut avant d'être poussée par Bloom, qui sortit du bureau en claquant la porte.

## 41.

Exaspéré par cette déconvenue fossilifère, Zacharias Spears fit disparaître les petites momies de sa vue en les entreposant avec les spécimens qui, parce que le musée en possédait deux exemplaires, qu'ils étaient abîmés ou n'avaient aucun lien avec la collection permanente, avaient été relégués dans un coffre au premier sous-sol du château, sans ventilation ni chauffage, asphyxiés par l'odeur de naphtaline, condamnés à rester dans le noir et le silence de la réserve.

Accompagné de Miss Sullivan et soucieux de superviser le travail des porteurs, Spears descendit dans le musée souterrain, double inversé de son frère visible et visitable, où voisinaient des animaux, des plantes et des pierres, non plus en vertu des lois de mutation de la matière mais ordonnés en fonction du numéro qu'on leur avait assigné lorsqu'on les avait intégrés au catalogue, qui rappelait les chiffres tatoués sur le bras des prisonniers.

Après avoir salué le gardien se tenant à l'entrée, Mr. Spears s'engagea dans des couloirs encombrés d'étagères tout en tâchant de vaincre la répugnance que lui inspiraient les toiles d'araignée qui s'accrochaient à son visage sur son passage. Le cortège s'arrêta dans le secteur III, 5e rangée. Là, sur un rayonnage, se trouvaient des coffres que les porteurs durent déplacer pour faire de la place aux momies.

La présence de ces caisses non étiquetées attira l'attention de Spears. Intrigué par cette anomalie, il voulut les ouvrir, sans succès. Il demanda aux porteurs de faire sauter les serrures, et s'étonna en soulevant le couvercle de découvrir, entassés dans un désordre vertigineux et divers états de conservation ou de détérioration, une flopée de crânes humains, vertèbres, fémurs, arcs, flèches, lances et scalps.

Il eut l'impression d'avoir surpris dans les soutes d'un navire des passagers clandestins tapis au milieu des ballots. Il allait devoir décider de leur sort : les jeter par-dessus bord ou, dans un accès de générosité, les laisser poursuivre le voyage sans avoir payé leurs billets.

## 42.

Zacharias Spears sortit sa blague pour priser quelques brins de tabac. C'en était trop. Il ne pouvait supporter davantage les coups bas de Todd Gibbs, le secrétaire du département de l'Intérieur. Craignant que le Musée d'histoire naturelle ne les refusât, Mr. Gibbs s'était débarrassé de trophées qu'il avait remportés ou confisqués au fil de ses combats contre les Iroquois, les Mohicans, les Séminoles, les Creeks, les Comanches ou Dieu sait quelle tribu indienne, en les faisant passer pour des spécimens. Il aurait dû lui dire la vérité. S'il avait su, Spears n'aurait pas gaspillé 5 dollars par mois dans la location d'un entrepôt à Georgetown afin d'y stocker plusieurs lots de crustacés qu'il ne souhaitait pas exposer et n'avait pu loger dans la réserve à cause de ces intrus. Il comptait dans la journée écrire une lettre à Gibbs pour exiger des indemnités.

Tandis que Zacharias Spears pestait contre le département de l'Intérieur, une idée fit son chemin dans l'esprit de Miss Sullivan, d'abord hésitante, mais néanmoins insistante, au point de devenir suffisamment précise pour se concrétiser dans une phrase :

« Ne pourrait-on pas… ? balbutia-t-elle.

— Vous avez quelque chose à dire ? », grogna Spears.

La secrétaire expliqua, dans un filet de voix que la peur menaçait de briser à tout moment, que tout bien réfléchi… il ne serait pas insensé… de se demander si…

peut-être… au lieu de… pourquoi pas… Elle faillit prononcer le mot « fossiles », mais se ravisa fort heureusement à temps.

Elle savait pertinemment que si elle mentionnait ce terme, elle mettrait les nerfs de son supérieur en pelote. Mais il était trop tard pour reculer. Les gouttes de sueur qui perlaient sur les tempes de Mr. Spears l'obligèrent à continuer d'avancer sur ce terrain miné, au risque de glisser et de se précipiter dans l'abîme. Tout faux pas mettrait sérieusement en danger sa survie professionnelle. Elle prit une grande inspiration et, tout à coup, sans trop savoir ce qu'elle disait, avec des intonations qu'elle ne se connaissait pas, lâcha :

« Mr. Spears, nous devons saisir notre chance et exposer les enfants momies dans le musée. »

## 43.

Dès qu'elle eut prononcé ces mots, son cœur s'emballa. Le sang lui battait aux tempes et son cerveau bouillonnait. Des centaines d'idées commencèrent à défiler dans sa tête. Écumantes, elles luttaient pour sortir toutes en même temps. Ses lèvres, sa langue et ses cordes vocales exécutèrent des mouvements qui échappaient à son contrôle.

Elle expliqua que, comme les pierres tombales, chaque objet comporte plusieurs dates inscrites en lui. Celle de leur naissance est une date de mort, et la date de leur mort celle d'une résurrection. Ces momies quinquagénaires qui n'avaient pas atteint la puberté de leur vivant dissimulaient avec un art incomparable un âge de plusieurs millénaires. C'étaient des spécimens récents et neufs, mais également anciens et passés, sans doute plus anciens que récents et plus passés que neufs.

« Je ne comprends rien à ce que vous racontez », grommela Mr. Spears.

La secrétaire enchaîna sans se laisser désarçonner. Cette façon d'embaumer en mettant le cadavre dans un sac et non en l'entourant de bandelettes de lin imprégnées de cire, en enfermant le corps dans une urne au lieu de le coucher dans un sarcophage en ébène, avec un masque reproduisant le visage du défunt, doté de pupilles de diamant et d'une barbe en or, correspondait aux rites funéraires pratiqués dès les premiers temps de l'humanité, à l'époque où l'espèce humaine venait tout juste de lâcher la main de l'écureuil.

Son patron lui lança un regard empreint de méfiance. Les yeux rivés sur lui, Miss Sullivan affirma qu'elle était depuis des années abonnée au *New England Journal of Mummies* avant de poursuivre son raisonnement, plus résolue que jamais.

Pourquoi enterrer une seconde fois dans la réserve ces dépouilles qui nous renseignaient sur des us et coutumes remontant à des temps immémoriaux ? Pourquoi ne pas les inviter à vivre une nouvelle vie afin de les dédommager des préjudices dont elles avaient souffert pendant le voyage ? Était-il concevable de leur refuser l'hospitalité pour une simple question d'âge ? Une mère abandonnerait-elle ses enfants dans une cave ? Alors pourquoi un musée le ferait-il alors qu'il est la mère de tout ce qui existe au monde ? Ces enfants ne méritaient-ils pas une place dans son utérus de verre ?

Impressionné par les réflexions de Miss Sullivan, Mr. Spears décida de la proclamer secrétaire du mois. Quelques jours plus tard, son nom figurait au tableau d'honneur du personnel administratif.

## 44.

Miss Sullivan se réjouit d'une nomination qui lui conférait certains privilèges, comme par exemple arriver au bureau une heure plus tard le lundi et le quitter une heure plus tôt le vendredi ou, prérogative autrement plus importante, arborer sur le revers de sa robe un ruban ponceau qui forçait l'admiration ou attisait la haine des autres secrétaires à son égard.

Inutile de préciser que ces honneurs lui donnèrent de l'ascendant sur Mr. Spears, qui finit par accepter l'idée d'exposer les enfants momifiés pendant deux mois, non au sein du musée, mais dans le hall central où se trouvait la météorite du Chihuahua, qu'on déplacerait alors dans les jardins.

Débordé par d'autres obligations professionnelles, Mr. Spears délégua à Miss Sullivan le soin d'organiser cette exposition temporaire tout en la prévenant que cette activité en dehors de son travail ne serait pas rémunérée, et qu'elle devrait se débrouiller pour concilier ses fonctions d'assistante et d'apprentie conservatrice.

## 45.

Malgré la charge de travail supplémentaire que cela représentait, Miss Sullivan accepta la mission avec un enthousiasme qu'elle n'avait jusqu'alors jamais éprouvé. Non que son travail de secrétaire lui déplût. Au contraire, il lui donnait entière satisfaction. Mais depuis qu'elle avait été embauchée au Musée d'histoire naturelle, la vocation scientifique qui couvait en elle depuis l'enfance avait enfin trouvé le moyen d'éclore.

Trouvant très gratifiant de travailler en équipe, elle invita d'autres secrétaires avec qui elle s'était liée d'amitié et dont les qualités d'organisation, la ponctualité et le dynamisme n'étaient plus à prouver, à participer à l'aventure. C'était le cas de Mrs. Waugh, directrice adjointe du service des tampons, Mrs. Pitkins, guichetière à la billetterie des tarifs réduits, et même de Miss McDonough, réceptionniste à l'accueil, en dépit de ses sautes d'humeur.

Grâce à ses contacts avec Mrs. Marshall, la concierge du château, Miss Sullivan obtint la clé d'une dépendance du service blanchisserie que personne n'utilisait où elle entreposa les deux petites momies, un abri bien plus accueillant que la cave, en attendant qu'elles fussent exposées dans le hall central.

## 46.

Mais auparavant, il fallait les ramener à la vie.

Les deux reliques funéraires étaient dans un état pitoyable. Aux ravages causés par les insectes et les rongeurs avec lesquels elles avaient cohabité dans la grotte de Black Hawk Mountain venaient s'ajouter les dégâts occasionnés par le transport. Les employées consultèrent le *Manuel des momies et sépultures de l'Ancienne Égypte*, une publication récente du musée de Manchester qui leur fut d'une grande utilité.

Accoutrées comme des sages-femmes, Miss Sullivan et ses assistantes entamèrent le travail d'accouchement. Avec un soin extrême, elles sortirent les restes du sac qui les protégeait, laissant à découvert deux corps à la peau ratatinée comme un abricot sec et des organes génitaux dont l'identification se révéla difficile.

Elles les installèrent sur une planche à repasser et procédèrent à une toilette rapide, frottant avec des blaireaux les interstices où des croûtes de boue s'étaient accumulées. Elles enduisirent leurs bras de crèmes grasses, sans quoi ils risquaient de tomber en poussière du fait de la déshydratation. Elles comblèrent les parties creuses à l'aide d'éponges imprégnées de cire d'abeille, recousirent la jambe qui s'était détachée et la renforcèrent avec du fil de fer. Elles fixèrent la nuque brisée avec de la colle vinylique, peignirent leurs dents avec de l'émail blanc au point de les doter d'un incomparable sourire, aspergèrent les membres d'insecticide, peignèrent leurs cheveux, leur appliquèrent un fard ocre afin de dissimuler les taches qui maculaient leur crâne. À la fin de l'opération, les deux enfants momifiés étaient aussi resplendissants que le jour de leur naissance.

## 47.

Pour l'installation, Miss Sullivan réfléchit à la mise en scène la plus appropriée. Elle demanda aux menuisiers du musée de monter au milieu du hall central une cloche de verre sous laquelle on allongea les momies qu'elle avait fait renaître. Le sac d'origine étant trop abîmé, elle décida de le remplacer par un suaire en crêpeline de soie, une gaze transparente qui permettait de voir ce qu'il était malaisé de regarder.

Sur un panneau, elle écrivit en script le texte suivant : « Enfants momies découverts dans les montagnes

Rocheuses. Leurs paupières ont été cousues avec des épines de porc-épic afin d'éviter que les morts n'épient les vivants. »

On encastra dans le mur une rangée de vitrines pour exposer les urnes qui avaient abrité les enfants et une sélection d'ossements rescapés de la réserve. Parfois trépanés ou délibérément comprimés, quand ils n'étaient pas rongés par un mal innommable, les crânes furent disposés en enfilade, selon leur forme aplatie ou allongée, comme un chœur d'enfants de la cathédrale Saint-Paul. Lorsque ce fut possible, on reconstitua des squelettes complets en les inclinant légèrement pour donner l'impression qu'ils saluaient leurs admirateurs. Dans la plupart des cas, il fallut se contenter d'une poignée de petites phalanges éparses exposées par taille croissante et assemblées par des fils de fer, même si elles provenaient de mains différentes.

Miss Sullivan choisit d'éclairer le hall central d'une lumière diffuse, le strict nécessaire pour permettre aux visiteurs de marcher sans trébucher ni se casser une jambe, les plongeant dans la pénombre qui avait enveloppé les momies et les ossements, du jour où ils avaient été ensevelis jusqu'à leur exhumation. L'idée consistait à communiquer aux spectateurs qui contemplaient ces vieilleries une impression de saisissement indélébile.

## 48.

Si l'exposition ne recueillit guère d'articles dans la presse, le bouche à oreille fonctionna et le bruit courut que dans le hall central, là où trônait auparavant une météorite trouvée dans le désert de Chihuahua, étaient désormais exposés deux enfants embaumés, ridés comme des pruneaux, qui étaient des rejetons de Montezuma. Après la chute de l'empire aztèque, ils avaient fui vers le nord et gagné les montagnes Rocheuses où ils avaient trouvé la mort dans leur sommeil, piqués par un serpent à sonnette.

Très vite, l'affluence de visiteurs surpassa tous les chiffres atteints jusqu'alors. Aucun dinosaure n'avait réussi à attirer une telle foule. Il fallut installer une barrière de sécurité et poster un vigile afin d'éviter l'engorgement et de favoriser la circulation d'admirateurs dotés d'un appétit momifère démesuré.

## 49.

Boucheries de mondes dévastés, au lieu d'exhiber de la viande suspendue à des crochets, coupée et nommée scrupuleusement selon la découpe, les musées exposaient des ossements et des peaux flottant dans l'espace et le temps.

## 50.

Grâce à l'exposition organisée par Miss Sullivan, les musées purent célébrer la signature d'un traité de paix. Mr. Russell, directeur du Muséum Field de Chicago, prit l'initiative en proposant à Mr. Spears le prêt d'un vélociraptor en échange des momies. Zacharias Spears accepta. Les directeurs prirent conscience qu'au lieu de convoiter des objets, mieux valait adopter une politique de troc.

À ce premier échange en succédèrent d'autres, avec le Musée d'histoire naturelle de New York et celui des sciences de Houston. Les momies prirent le train, en première classe, comme des princesses logées dans un emballage spécialement conçu contre les vibrations, sous la garde de deux policiers qui ne s'en séparèrent pas une seconde pour ne pas tenter les voleurs.

Quelque temps plus tard, elles devinrent aussi célèbres que les enfants hémophiles de la reine Victoria. À Washington arrivèrent des invitations en provenance de l'Ohio, l'Iowa et le Wisconsin, des États où aucun musée n'avait encore été créé et qui n'avaient d'autres distractions que les tavernes et la géhenne.

## 51.

Pour satisfaire toutes ces demandes, Miss Sullivan imagina un musée flottant qui transporterait l'exposition funèbre par voie fluviale.

Dans une boîte hermétiquement close pourvue de flotteurs fabriqués pour l'occasion, les momies naviguèrent en amont et en aval du Mississippi et du Missouri, accompagnées d'un cortège de crânes, fémurs et vertèbres. Elles accostèrent à Memphis et changèrent à jamais l'existence de ses habitants, faisant naître des vocations chez de nombreux enfants qui s'étaient rendus au musée un dimanche, après la messe, et s'étaient mis à rêver, après avoir contemplé ces embaumés presque nubiles, de devenir explorateurs pour voyager dans de lointaines contrées et en revenir avec une tête de mort.

Lorsque le Musée flottant levait l'ancre et disparaissait en lançant un panache de fumée, de nombreuses petites villes et autant de gros bourgs décidaient de fonder leur propre musée. Ils ne pouvaient compter sur des ptérodactyles ou des vélociraptors, ni même sur une mâchoire d'homonculidé. Mais cela importait peu. Grâce à la générosité de mécènes locaux, ils réunirent les pièces d'une première collection contenant ce qu'il y avait dans la région.

En un temps record furent inaugurés non sans fierté le Musée du bison de Bismark, le Musée des grandes prairies d'Omaha ou le Musée météorologique de Saint Louis, qui invitait ses visiteurs à contempler dans des vitrines parfaitement imperméabilisées différentes formes de pluie, de grêle ou de neige produites par des systèmes d'arrosage ou de réfrigération.

# IV.

## *Beauté et misères*

## 52.

Le succès des enfants momies des montagnes Rocheuses se propagea bien au-delà du cercle des musées d'histoire naturelle.

Un matin, alors que Zacharias Spears buvait une limonade à la cafétéria du château, il fut abordé par Annabeth Murphy Atwood, la directrice de la Galerie des beaux-arts et des portraits nationaux, qui tenait à le féliciter et à lui témoigner toute son admiration pour cette exposition.

À dire vrai, les momies et squelettes lui avaient semblé un peu lugubres, sans doute trop à son goût. Mais elle trouvait la poterie magnifique. Pendant un moment inoubliable, elle s'était recueillie dans un état proche de l'extase devant les urnes funéraires, dont la complexité des formes et le côté flambant neuf de l'argile n'avaient rien à envier aux amphores celtiques qu'elle avait eu l'occasion d'apprécier au Musée national de Cardiff.

Ces beautés primitives l'avaient ébranlée au point qu'elle ne comprenait guère pourquoi on avait choisi de les exposer dans un lieu de passage. N'y avait-il pas d'autres espaces plus appropriés que le hall central, où les consignes de sécurité seraient à peu près respectées ? Zacharias Spears cligna les yeux.

« Que voulez-vous dire ? »

La directrice s'expliqua davantage. Elle était prête à fournir dans sa galerie les mêmes conditions d'accueil à ces trésors qu'aux maîtres anciens de sa collection.

L'art n'admet pas de divisions géographiques ou historiques. Pourquoi faudrait-il en tenir compte dans un musée, qui héberge les Idées en pension complète ? L'art qui n'est pas de l'art est également de l'art ! Tout objet a le droit de disposer de sa chambre dans la galerie avec vue sur l'Esplanade nationale !, elle s'exprimait en criant, débordée par son enthousiasme.

Bien entendu, quand elle vit les sourcils de Zacharias Spears se froncer, elle s'empressa d'ajouter que la poterie primitive et les chefs-d'œuvre de l'art universel étaient aussi différents qu'une chenille d'un papillon monarque. Et pourtant, les manifestations artistiques de l'enfance de l'homme suscitaient en elle une délicieuse terreur. En sa qualité de directrice, elle se devait de faire en sorte que ces urnes fussent adoptées au sein de la grande famille de l'art.

Zacharias Spears ouvrit sa blague à tabac et en prisa quelques brins. Après cette pause, il répondit d'une voix nasillarde qu'il refusait catégoriquement de lui céder une seule molécule appartenant à sa collection d'histoire naturelle. Il préférait qu'on lui arrachât les ongles et les dents avec une pince à disséquer n° 4.

## 53.

Au terme de cette déclaration, un nouveau front éclata dans la lutte des musées pour leur survie.

La première offensive lancée par Annabeth Murphy Atwood consista à décrocher de la salle XII le portrait de Zacharias Spears donné par Addison Scott Jr. et à l'exiler dans un secteur particulièrement humide de la réserve, où il se ramollit comme une tranche de pain trempée dans une tasse de thé.

Après avoir accompli ce rituel vengeur, Mrs. Murphy Atwood dicta à Elenita Eakins, sa secrétaire, un rapport où elle égrenait les problèmes qui frappaient la Galerie des beaux-arts et des portraits nationaux, et le fit envoyer sans tarder à celui qu'à compter de cet instant elle se mit à surnommer le Tyran des Os.

Le budget alloué au départ ne suffisait pas à couvrir toutes les dépenses de manutention, préservation et acquisition. Après les derniers orages étaient apparues des fuites qui menaçaient quantité de tableaux, parmi lesquels un des portraits de George Washington légués par Matthew Gray. La température qui régnait dans certaines salles, supérieure de plusieurs degrés à celle que le thermomètre aurait dû afficher normalement, du fait de conduits de cheminée mal isolés, avait causé le vieillissement prématuré de nombreuses œuvres. Les sous-sols étaient infestés de rats qui avaient développé un appétit peu commun pour les gourmandises picturales, à en juger par les bords rognés des tableaux entreposés dans la réserve. L'écart entre le budget accordé à l'histoire naturelle et celui des beaux-arts était scandaleux. Il lui semblait inadmissible que les toiles du premier étage souffrissent de si mauvais traitements alors que les méduses du rez-de-chaussée qui flottaient dans le formol jouissaient de maints privilèges.

Mr. Spears ne se donna même pas la peine de lui répondre.

## 54.

Annabeth Murphy Atwood récidiva dans ses attaques de manière encore plus féroce. Avec le soutien de la Société des Amis de la Galerie des beaux-arts, elle organisa des visites guidées de quarante minutes afin de commenter non pas la beauté des œuvres, mais les misères qu'elles subissaient.

Promenant sa silhouette longue et décharnée dans le musée, tout de gris vêtue, sans la moindre touche de couleur susceptible de contraster avec sa tenue, les cheveux emprisonnés dans une tresse relevée en chignon et, piquée à proximité d'un téton, la médaille des soldats morts pour la patrie dans la bataille de Gettysburg reçue pour la perte de son frère Wilbur, Annabeth commentait aux groupes de visiteurs les humiliations qu'infligeaient aux tableaux le temps et l'humidité, l'excès de lumière ou de température.

« Regardez ici ! ordonnait-elle en désignant un Fra Filippo Lippi accroché dans la salle d'art italien. Il a déjà quatre siècles, un âge plus que vénérable pour un tableau. Si vous y prêtez attention, vous vous apercevrez que la couche de peinture commence à se soulever comme la mue d'un lézard. L'inconvénient, c'est que sur les tableaux, la peau ne repousse pas. »

Les visiteurs s'approchaient et observaient avec intérêt cette huile sur bois de chêne qui représentait une Vierge dans la chambre d'un palais, surprise par un ange prosterné à genoux devant elle. L'ange avait été magnifique à une époque, mais il présentait désormais des craquelures, avait perdu une aile et son auréole. Le doré, on le sait, est une des couleurs les plus vulnérables.

Plutôt que d'annoncer la bonne nouvelle, cet ange tout écaillé dénonçait l'Apocalypse de la Peinture. La Madone n'avait pas davantage échappé au désastre. Son visage était lui aussi fendillé. Elle qui de loin ressemblait à une nymphe, avait de près l'apparence d'une sexagénaire. Le spectateur qui découvrait ce détail ne pouvait s'empêcher d'être scandalisé en songeant que le Très-Haut, pour réaliser Ses desseins, avait dû se répandre dans un corps décrépit (ou alors il se disait que l'artiste avait confondu Marie et sainte Anne). Le Verbe s'était fait chair.

« Et, avec le temps, ajoutait Annabeth, la chair s'est faite peau et la peinture squames, surtout lorsqu'il y a trop d'humidité dans l'air. »

Seule avait échappé à la destruction une scène qu'on pouvait contempler en haut à droite, par une des fenêtres du palais qui donnait sur un jardin, un tableau dans le tableau montrant nos ancêtres nus, cachant leurs parties honteuses avec leurs mains, devant l'arbre de la connaissance du bien et du mal. Perché entre les branches, le serpent pointait la tête et, à en juger par ses yeux diaboliquement rouges, il semblait se réjouir du destin de délabrement qui menaçait non seulement les créatures terrestres, sans exception, mais aussi les œuvres d'art, qui sont elles aussi à leur manière des êtres vivants.

## 55.

Mince, sèche, inflexible, Annabeth poursuivait la visite en parcourant chacune des salles consacrées à l'art flamand, français, espagnol, anglais ou irlandais, et pestait contre les conditions de vie infra-picturales qui entraînaient l'inflammation des châssis, des pustules sur les vernis, l'anémie des couleurs, autant de vandales qui avaient imprimé sur certains tableaux des noms, des dates, des cœurs et même un baiser.

Sur son passage, les gardiens chargés de surveiller les salles sortaient de la torpeur qui les enveloppait à force de passer plusieurs heures par jour dans un fauteuil, et se levaient pour feindre un rapide tour d'inspection ou réactiver leur circulation sanguine. Tout à coup, Annabeth s'immobilisait, aussitôt imitée par son troupeau de visiteurs.

« Concentrez-vous à présent sur la droite… non… pardon… sur la gauche », disait-elle en montrant à son escorte *Le Pélican*, également appelé *La Plume flottante*, de Melchior d'Hondecoeter, artiste spécialisé dans la peinture ornithologique et exemple de l'étonnante fécondité picturale qui caractérisait les Provinces-Unies des Pays-Bas.

Le tableau représentait au premier plan, à gauche, un pélican exhibant sans la moindre pudeur un double menton jaune. Derrière ce volatile, d'un air tout aussi fier et dans une végétation luxuriante qui faisait ressortir les couleurs vives de leur plumage, posaient un ibis bleu, un flamant rose et une grue couronnée noire. À droite s'étendait un étang autour duquel, entre les roseaux, se massaient toutes sortes de canards et d'oies sauvages, offrant leur meilleur profil pour mieux attirer l'attention sur leurs verrues rougeâtres, leurs cous verts, leurs becs en forme de spatules à pâtisserie. Au milieu de cette composition quelque peu surchargée, pour ne pas dire indigeste, un détail conférait une touche de mystère à la composition : une plume suspendue dans les airs se reflétait dans l'eau.

Qu'avait voulu démontrer l'artiste ? Allez donc savoir ! Depuis des siècles, les amoureux de la peinture et les critiques d'art caquetaient à loisir afin d'élucider l'énigme. D'aucuns y voyaient un élément destiné à produire une illusion de réalité (« Là où il y a des oiseaux, il y a des plumes ») ; d'autres une scène suggérée, mais non représentée, de prédation (« Une colombe qui finit dans le bec d'un vautour ou d'un milan ») ; d'autres encore un clin d'œil du peintre à l'école connue sous le nom de « baroque plumifère » (« La plume déployée à l'infini »). Ces réponses avaient beau être pleines d'esprit, nul ne pouvait prétendre détenir la vérité.

« Mais ne perdons pas de vue l'essentiel », poursuivait Annabeth en constatant que certaines de ses ouailles ne l'écoutaient plus.

Du fait d'une exposition directe à la lumière du soleil qui entrait par les grandes fenêtres et les lucarnes, les pigments s'étaient éclaircis et éloignés de la palette de couleurs que d'Hondecoeter avait choisie avec tant de soin pour peindre ces oiseaux. Le côté gauche du tableau avait été particulièrement agressé par cette luminescence. Les feuillages en arrière-plan languissaient dans un jaune plutôt huileux. L'ibis, le flamant et la grue couronnée noire étaient pâles comme des poules.

Mais ce n'était pas le plus effroyable.

Ce changement chromatique avait déclenché une augmentation de la température. Dans quelques années à peine, faute de précipitations, l'étang perdrait la moitié de son eau. Les roseaux pousseraient sans vigueur à plusieurs mètres de la rive, devant les canards et les oies effarés. Victime de la déshydratation, le pélican tomberait dans les pommes et se fracturerait le bec. La plume flottante qui, pendant des siècles, avait symbolisé la réalité, la violence ou la fraternité, ne ferait désormais qu'avertir de la menace pesant sur ces volatiles qui suffoquaient dans le tableau comme dans un four. On serait alors confronté à la déplumification des espèces.

## 56.

Le pire les attendait dans la Galerie des portraits nationaux.

« Venez par ici et arrêtez-vous devant le troisième portrait de Martha Dandridge Custis, plus connue sous le nom de Martha Washington », disait Annabeth.

Une fois le troupeau rassemblé devant la célèbre peinture de Mr. Parker, elle entamait sa diatribe.

À vingt ans, avec un pinceau d'une aisance audacieuse, Parker avait fait le portrait de Mrs. Washington, assise de trois quarts, dans une robe blanche aux manches vertes, une étole noire jetée sur ses épaules, tenant délicatement dans ses mains un écureuil roux comme s'il s'agissait de la chose la plus fragile au monde. Ses cheveux blancs relevés sous un bonnet bouillonnant saturé de nœuds, les lèvres serrées au point d'en devenir invisibles, Martha Washington regardait le spectateur les yeux écarquillés, en haussant les sourcils, le visage empreint d'une expression de douleur ou tout au moins d'inquiétude. Et il y avait de quoi s'alarmer.

Qui s'attardait sur ses bras ne pouvait manquer de remarquer que ce qui paraissait à première vue des manches était en vérité des taches s'étendant des coudes jusqu'aux mains. Elles grignotaient déjà la queue de l'écureuil.

Mr. Parker n'avait jamais eu l'occasion de séjourner en Angleterre ou en Italie pour se former, à une époque où l'art d'Amérique en était encore à ses balbutiements. Il s'était lancé dans la peinture avec plus d'enthousiasme que de technique, et avait utilisé des pigments hautement putrescibles. Un champignon avait profité de son inexpérience pour s'acharner sur le portrait et couvrir les bras de la première dame de gants de moisissure.

Si on ne mettait pas un frein à cette gangrène, l'œuvre encore éclatante de jeunesse serait quelques années plus tard une tache verdâtre qu'il faudrait non plus exposer, mais incinérer afin d'éviter qu'elle ne contaminât le reste de la collection. On pouvait déjà apprécier un début de lèpre chromatique sur les tableaux voisins, en particulier le portrait de Catherine Brass Yates qui restait cependant concentrée sur son ouvrage de broderie déjà gagné par la pourriture verte, sans que son poignet tremblât. Qu'attendaient donc les autorités pour réagir ? Une catastrophe ? Le mal serait alors irréversible.

## 57.

La visite guidée se concluait par une inspection des toilettes. Après avoir poussé une porte branlante, un mouchoir sur le nez pour atténuer la puanteur, Annabeth invitait les visiteurs à pointer la tête et à scruter la rangée de lavabos entourés de flaques d'eau et, plus loin, les urinoirs en porcelaine où s'accumulaient des détritus en tous genres. Peu lui importait la présence d'hommes en train de se soulager ou de se tripoter.

« Sachez que pour connaître la réalité d'un musée, le mieux est de commencer par visiter les toilettes pour hommes », décrétait-elle en refermant la porte avant d'essuyer dans son mouchoir la main qui avait touché la poignée.

## 58.

Dans sa résidence de Pennsylvania Avenue, Annabeth commença à organiser des cocktails auxquels elle conviait des collectionneurs, des galeristes, des restaurateurs, des historiens d'art, des femmes de sénateurs, des filles de magnats de l'acier et des veuves de lieutenants généraux versées dans la philanthropie.

Ces goûters crépusculaires se tenaient en général dans le salon du rez-de-chaussée. Quand les conditions météorologiques le permettaient, Annabeth intimait à Mrs. Holmes, la gouvernante, de bien vouloir installer une table dans le jardin, sous une gloriette envahie par une plante grimpante au parfum de bonbon qui, il fallait s'y attendre, attirait toutes sortes d'insectes, certains très agaçants, voire menaçants, comme ces bourdons zonzonnant autour des convives qu'ils harcelaient dans leurs conversations.

Mrs. Holmes maîtrisait parfaitement l'art de tenir une maison. Postée dans un endroit discret, elle surveillait du coin de l'œil, au besoin en émettant quelques toussotements, les allées et venues des bonnes chargées de plateaux qui proposaient aux invités une tasse d'un thé rougeâtre, cultivé sur les terres de Virginie et servi froid, dans lequel surnageait triomphalement une rondelle de citron. Autrement plus subtil que le thé vert de Kyoto, le thé blanc d'Écosse ou le thé noir du mont Anjaneri (territoire indien placé sous le protectorat de la Grande-Bretagne), ce thé américain était sans conteste la boisson idéale à cette heure vespérale.

## 59.

Dans une robe de dentelle blanche, sa chevelure rousse tombant en cascade dans son dos tel du lierre, les yeux plus verts que jamais, Eleanor Sullivan passait elle aussi parmi les convives avec un plateau de cookies aux pépites de chocolat qu'elle avait confectionnés elle-même, après le travail, pour la réception de sa cousine. Annabeth et Eleanor n'avaient à proprement parler aucune relation de parenté, mais peu importait. Elles s'étaient rencontrées dans un escalier du château smithsonien. L'une descendait, l'autre montait et elles avaient eu un coup de foudre amical.

Annabeth fut pour Eleanor la mère qu'elle n'avait plus et la sœur qu'elle n'avait jamais eue, mais avant tout une amie à laquelle confier sans restriction ses pensées, ses doutes et aussi ses réflexions à propos des xylophages qui agressaient la momie de Ramsès II, conservée au musée Pitt Rivers.

Eleanor fut pour Annabeth un baume apaisant qui lui permit de surmonter son manque d'amour pour Mr. Atwood, un avocaillon originaire d'Alabama à la tête d'une grosse fortune, doté d'un des esprits les plus étroits de toute l'Amérique, qu'elle avait fait l'erreur d'épouser sous la pression de sa famille.

Quand Mr. Atwood fut fauché par la mort, les deux femmes décapsulèrent une bouteille d'eau minérale plate et décidèrent de vivre sous le même toit, de partager leurs douleurs et leurs joies ainsi que leur passion pour l'art et les sciences. Elles étaient bien plus heureuses qu'elles ne l'auraient mérité, mais quand on nage dans le bonheur on ne prête guère attention à ces choses-là.

Pour désigner l'amitié qui les unissait et qu'aucun mot n'aurait pu qualifier avec exactitude, elles n'eurent pas d'autre choix que de recourir à cette relation de parenté ni vraiment réelle, ni vraiment fictive non plus. Tous les hommes sont d'une manière ou d'une autre des cousins lointains ou proches.

## 60.

Les cocktails sans alcool de Pennsylvania Avenue devinrent rapidement l'un des rendez-vous mondains les plus prisés de la capitale. Le secret de ce succès ne tenait pas seulement au thé ni même aux cookies d'Eleanor, dont elle gardait jalousement la recette, mais aux conférences qui avaient lieu après que les bonnes eurent servi aux invités un verre d'orangeade sans colorants ni additifs.

Au lieu d'organiser des festivals de poésie dans son jardin couvert comme Mrs. Curtis, des récitals de piano comme Mrs. Howard ou des débats sur les vérités et les contre-vérités à propos du magnétisme animal comme Mrs. Stephen White, Annabeth préférait animer ses réunions en organisant un cycle de discussions sur les façons de lutter contre la destruction de la beauté.

Quand sept heures post-méridiennes sonnaient, l'orateur ou l'oratrice qui devait s'exprimer ce soir-là montait sur une estrade improvisée dans le salon et discourait pendant quarante-cinq minutes, debout, de sujets dignes d'être diffusés en matière de restauration d'œuvres d'art. Il ou elle assortissait ses mots de toute une gestuelle, intercalant de temps en temps une plaisanterie dans ses propos ou bien, selon son tempérament, se contentant de boire une gorgée d'eau afin de dissimuler sa nervosité.

Tout le monde écoutait avec fascination ces paroles sur la desquamation de la Vénus endormie du Titien, l'allègement de la couche de vernis à l'œuf de la Judith tenant la tête d'Holopherne, d'Andrea Mantegna, ou la résurrection de la joie chromatique de la Buveuse de bière de Johannes Vermeer.

Affalée dans son panier, la chatte Tangerine somnolait ou ronronnait selon que le thème abordé l'intéressait ou non. Parfois, les applaudissements ou les rires la sortaient de sa torpeur et, après s'être étirée, elle se promenait un peu dans le public. On avait beau la semoncer, elle aimait faire ses griffes sur les pieds de chaise ou les mollets des invités qui, connaissant l'affection d'Annabeth et d'Eleanor pour leur protégée, tâchaient d'esquisser un sourire malgré la douleur qu'elle leur infligeait.

## 61.

À la fin du cocktail, quand la plupart des convives s'étaient retirés, Annabeth surgissait avec un trousseau de clés et gravissait les deux étages de sa résidence en compagnie de trois élues (elles aspiraient toutes à l'être !) qui découvraient sa collection personnelle de tableaux exposée au grenier, dans une pièce spécialement conçue pour garantir la conservation optimale des œuvres d'art.

Les visiteuses se couvraient comme pour une expédition au pôle Nord avant de pénétrer dans ce musée frigorifique pourvu d'appareils qui enregistraient la température, l'humidité, la pression et la quantité de moisissures contenue dans l'air. Quand l'un de ces paramètres franchissait la ligne rouge, un signal d'alarme se déclenchait. Tandis qu'Annabeth ouvrait les rideaux qui empêchaient tout contact direct des tableaux avec la lumière, les élues admiraient les toiles, qui en dépit des années passées semblaient avoir été réalisées à une date récente par l'artiste. Beaucoup avaient été léguées à la Galerie des beaux-arts, mais compte tenu des conditions calamiteuses dans lesquelles elles étaient exposées, Annabeth s'était trouvée dans l'obligation de les rapatrier chez elle avant que les dommages fussent irréversibles. Si elle avait pu, elle aurait installé tous les tableaux du monde dans ce musée.

Quelle merveille que cette nature morte de Chardin représentant un lapin égorgé ! Le rouge des viscères était si parfait qu'on avait l'impression qu'à tout moment du sang allait s'écouler de l'animal. On avait envie de le toucher afin de s'assurer qu'il s'agissait bien de pigments secs et non d'humeurs à demi coagulées.

## 62.

Les diverses réactions d'inquiétude et d'horreur que suscitèrent ces manœuvres ne tardèrent pas à porter leurs fruits.

Indignée par les pénuries qui anéantissaient le patrimoine artistique américain, Mrs. Wheeler donna 75 dollars. Pour ne pas être en reste, Mrs. Pell-Clark en versa 110 et Mrs. Charles F. Joy, 125. Au bout d'un mois, la Société des amis de la Galerie des beaux-arts avait rassemblé la somme de 575 dollars.

La rumeur de ces activités parvint jusqu'à la côte Ouest. Le Musée des beaux-arts de San Diego, qui venait d'être inauguré, proposa d'héberger dans des conditions optimales les tableaux les plus abîmés de la collection. Annabeth ayant signifié son refus, on lui proposa le poste de directrice avec un salaire astronomique. Bien que tentée, elle déclina l'offre. Les musées de l'Ouest, improvisés en quelques années, ne lui inspiraient aucune confiance.

## 63.

Avec les fonds réunis, Annabeth entreprit non seulement des travaux de restauration dans la Galerie des beaux-arts, mais elle créa l'Hôpital de la peinture, une annexe où on sauvegarderait, soignerait et guérirait tout tableau ayant subi les agressions du temps ou été conservé dans de mauvaises conditions. On veillerait aussi à lui épargner ces maux à l'avenir.

Les œuvres les plus endommagées de la collection washingtonienne comptèrent parmi les premiers patients, mais une fois qu'elles furent remises en état, l'Hôpital de la peinture prit en charge d'autres convalescents venus du Musée des beaux-arts de Boston, du Musée métropolitain d'art de New York ou de la Fondation Selenia Sherringham de Cincinnati.

Loin de se contenter de les recevoir, Annabeth décida d'aller chercher les œuvres abîmées. Après un échange épistolaire fluide avec des antiquaires, des collectionneurs et même des curés de l'Europe pouilleuse, elle programma une traversée transatlantique pour partir en quête de maîtres anciens, de retables et de sculptures en danger de mort.

Elle comptait profiter de l'occasion pour parcourir en compagnie d'Eleanor les villes qu'elle avait visitées lors de son premier séjour sur le vieux continent, lorsqu'elle avait quinze ans, avec Wilbur, son frère chéri, que le Très-Haut-le-Garde-en-son-Sein.

L'idée séduisit Eleanor qui n'avait jamais quitté l'Amérique et sollicita auprès de Mr. Spears un congé sans solde de deux mois qui lui fut accordé. Grâce au succès du musée fluvial, elle avait accédé à de nombreuses prérogatives et à une certaine flexibilité dans ses jours de repos.

## 64.

Elles auraient pu laisser Tangerine aux bons soins de Mrs. Holmes, qui s'en serait occupée comme ses mères, mais étant fille unique la chatte avait besoin d'une vie sociale plus animée. La solitude n'est jamais bénéfique, même pour une espèce aussi indépendante que les chats.

Un jour avant le départ, Eleanor Sullivan transporta Tangerine dans un panier jusqu'au Kitty's Palace, un pensionnat qui contre 5 dollars par jour offrait à ses pupilles une chambre avec un cabinet de toilette, deux repas quotidiens à base de thon frais, une séance hebdomadaire de brossage, sans oublier un accès illimité à la salle de jeux pour félins.

Malgré ces conditions idéales d'hébergement, au moment des adieux, Tangerine laissa échapper un long miaulement en déployant toute une gamme d'aigus que sa maîtresse n'avait encore jamais entendus, puis elle éclata en sanglots, si toutefois on peut employer cette expression pour un petit félin. Eleanor ignorait s'il s'agissait d'un miaulement de tristesse ou de rancœur. La chatte semblait gémir : « Heure funeste ! Je veux avoir des nouvelles de toi chaque jour de chaque heure ! Car dans une minute il y a de nombreux jours ! Avec un tel décompte, je serai un fantôme quand je te reverrai. »

Déchirée par cette déclaration, Eleanor embarqua le lendemain avec Annabeth sur le *Sally Jane*, un vapeur sous pavillon américain qui partait de Baltimore.

## 65.

Le trajet fut relativement pénible du fait de la présence d'icebergs qui leur barraient continuellement la route et que le pilote esquivait avec adresse en changeant brusquement de cap, peu soucieux de faire perdre l'équilibre aux passagers, si bien que ceux qui se trouvaient à tribord se heurtaient à ceux qui se promenaient à bâbord.

Des repas, les deux femmes retinrent seulement qu'ils n'avaient aucun goût, aucune forme et aucune couleur. La boisson se réduisait à de la bière tiède comme de l'urine. Le thé n'était pas inclus dans le prix du billet, et ces petits extras finissaient par grever le budget de sommes colossales. Les passagers se voyaient dans l'obligation ennuyeuse de calculer leurs dépenses à un moment où toute leur sensibilité semblait concentrée sur leur estomac.

L'allégresse qui gagna les deux femmes en apercevant le port de Douvres ne tarda pas à se dissiper quand elles se rendirent compte que les nausées, ennemies les plus impitoyables du voyageur par voie maritime ou fluviale, les poursuivaient sur la terre ferme, et ce jusqu'à Londres où elles descendirent dans un hôtel de South Kensington construit dans une rue en terre battue, avec une salle de bains commune. Annabeth jugea ces conditions inacceptables. Eleanor, elle, s'en moquait : pour une nuit au moins, elle put dormir dans un lit immobile.

## 66.

Sans perdre de temps, elles envoyèrent les lettres de présentation qu'elles avaient obtenues. En attendant les réponses, elles visitèrent le Musée de la médecine et allèrent dans les magasins d'antiquités de Bloomsbury.

Une semaine plus tard, elles furent invitées dans les règles par le duc et la duchesse de Richmond, le comte de Falmouth, l'archidiacre de Londres et son ami, l'évêque de Norwich, lord Robert, lady Fox et même le fuyant sir Augustus d'Este.

Le sacrifice d'une vie sociale saturée de conversations insipides se révéla payant. Après d'interminables transactions, Annabeth convainquit le duc de Richmond de lui vendre à un prix raisonnable le Hogarth asthmatique de sa résidence de Belgrave Square, où l'air était chargé de suie.

Ce succès leur fit oublier l'échec des négociations entamées avec lady Fox pour l'acquisition d'un Holbein cadavérique reclus dans sa maison de campagne du Sussex. Au dernier moment, en dépit d'une offre plus qu'alléchante, la dame recula et avoua que bien qu'elle eût besoin d'argent, elle ne se résolvait pas à se séparer de ce souvenir hérité de lady Peel.

Elle eut beau leur proposer à la place un magnifique Reynolds, Annabeth déclina l'offre. Il lui semblait indécent de dépenser le moindre penny dans l'achat d'un tableau débordant de santé alors que tant d'œuvres de par le monde étaient atteintes de fièvres paludiques.

## 67.

De Londres, elles gagnèrent Brighton et séjournèrent dans un hôtel en bord de mer perpétuellement battu par les vents. Dans la salle à manger, un orchestre qui jouait sans interruption la même ballade luttait en permanence contre le brouhaha des conversations, le cliquetis des couverts et le vacarme des bouteilles qu'on débouchait.

À Brighton, elles embarquèrent sur un paquebot qui les emmena à Calais. Elles parcoururent la Normandie et découvrirent non sans horreur des cathédrales gothiques dont les vitraux avaient pâli au point de perdre jusqu'au souvenir des histoires multicolores qu'ils avaient un jour retracées ; des tombeaux aux reines allongées en compagnie d'un chien au museau détaché ; des dragons, griffons et basilics tapissés de moisissure verte ; des voûtes aux ogives fissurées qui menaçaient de s'effondrer à tout moment, transformant toute sensation de verticalité en drame.

Elles atteignirent Paris, mais durent quitter la ville le lendemain en apprenant qu'une révolte populaire venait d'éclater, tout au regret d'abandonner les nombreux Boucher, Poussin et Fragonard (sans doute aussi quelque Chardin) qu'elles avaient mis à l'abri dans un *hôtel particulier** et étaient désormais promis à être lacérés, pillés ou brûlés.

---

* En français dans le texte.

Eleanor fut très impressionnée par les Galeries d'anatomie comparée et de paléontologie du Muséum national d'histoire naturelle, en particulier par le squelette du rhinocéros qui avait appartenu à Louis XV.

## 68.

À Venise, Annabeth sauva trois Véronèse et un Tintoret avachis par les vapeurs méphitiques du Grand Canal. Malgré leurs précautions, elles furent victimes d'une intoxication alimentaire qui les obligea à garder le lit pendant plusieurs jours. Ce contretemps leur fit modifier leur itinéraire. Une fois remises sur pied, au lieu de se rendre au Grand-Duché de Toscane, elles allèrent directement à Rome.

Dans l'État pontifical, Annabeth fit d'excellentes affaires en acquérant des sculptures très anciennes ayant subi de multiples mutilations. Elle espérait dans un délai assez bref pouvoir leur rendre leurs bras et leurs jambes. Si elle avait pu prendre d'assaut la bibliothèque du Vatican, elle aurait vidé l'armoire contenant les phallus, les nez et les seins amputés des statues païennes. Mais on ne lui donna pas l'autorisation de visiter les lieux. En revanche, on les laissa accéder à la salle des consultations où Eleanor lut en prenant des notes l'excellente monographie de sir John Gardner Wilkinson sur les techniques de momification des

Égyptiens. Elle frissonna en apprenant qu'à l'époque archaïque, les funérailles des jeunes pubères duraient plusieurs semaines afin d'éviter que les embaumeurs n'abusassent de leur beauté éteinte.

Dans le royaume des Deux-Siciles, elles habitèrent des palais délabrés. Tandis qu'Eleanor visitait les catacombes de San Gennaro, Annabeth délivrait de leur captivité des œuvres qui n'avaient jamais été restaurées, assombries par diverses couches de crasse aussi épaisses que la peau d'un pachyderme. Elle tâchait d'imaginer les détails qui ressortiraient bientôt dans la lumière, après un bon brossage, d'une toile de Caracciolo connue sous le titre *Le Martyre de saint Sébastien* et massacrée à trois reprises. D'abord par les milices de l'empereur Dioclétien, puis par l'air napolitain excessivement salin, enfin par un restaurateur franciscain scandalisé par le comportement de la soldatesque canaille qui avait effacé plusieurs flèches pour épargner ce supplice à Sébastien.

« Mais que reste-t-il de la représentation d'un martyr si on gomme sa douleur ? », se demandait Annabeth, fière d'avoir rescapé cette œuvre barbouillée de partout.

## 69.

Leur séjour se termina à Naples.

Alors qu'elles embarquaient sur le *Cassandra*, navire sous pavillon britannique qui devait les ramener en

Amérique, un malheureux incident survint. En fouillant les bagages des voyageuses, les inspecteurs des douanes trouvèrent des antiquités et des œuvres d'art dont la sortie du territoire était formellement interdite. Annabeth Murphy Atwood essaya de leur expliquer dans un italien hésitant qu'elle ne connaissait pas la réglementation en vigueur. Les carabiniers les conduisirent au centre de détention pour femmes, situé dans le couvent de Gesù Buon Pastore, où on les boucla dans un cachot en compagnie de filles de joie.

Le consulat exigea du royaume des Deux-Siciles la libération immédiate de ces deux citoyennes américaines. « *Due rapinatrici !* », corrigèrent les autorités. Ainsi que la loi le stipulait, elles furent condamnées à cinq ans de prison.

Le consulat obtint de commuer la peine en amende. Après avoir payé de mauvaise grâce la somme de 50 000 piastres, Mrs. Murphy Atwood et Miss Sullivan embarquèrent sur le *Ludovica Teresa*, sous pavillon sarde, en refusant de faire des déclarations à la presse locale.

## 70.

Le retour fut bien plus agréable que l'aller. Non seulement parce que la mer était beaucoup plus calme, mais aussi du fait de l'excellent service gastronomique à bord. Pour la première fois après leur intoxication vénitienne, elles purent manger des aliments autres que du riz ou des légumes bouillis. Grâce aux talents du chef, elles dégustèrent du lièvre à l'escabèche, du chevreau à la sauce verte, des faisans, des massepains, des gâteaux aux pignons, des figues fourrées de noix et même du moscatel.

Une des expériences les plus agréables que connut Eleanor au cours de la traversée consista à découvrir par hasard le limoncello après un repas, au moment du café. Dès qu'elle l'eut en bouche, elle fut séduite par le goût de cette liqueur qui associait avec une habileté toute pharmaceutique la douceur et l'aigreur. C'était la première fois de sa vie qu'elle osait boire un alcool fort. Ce ne serait certainement pas la dernière.

## 71.

Le jour de leur arrivée, Eleanor se précipita au Kitty's Palace.

Quand on lui amena Tangerine dans une cage, elle eut tant de peine à la reconnaître qu'elle s'imagina qu'on s'était trompé de félin. Condamnée à vivre dans un lieu inconnu, en compagnie d'autres chats qui lui volaient son poisson, buvaient son lait et l'agressaient constamment sans raison, Tangerine avait sombré dans la dépression.

Ce n'était plus la chatte joviale au pelage orangé et voluptueux qu'Eleanor avait laissée quelques mois plus tôt, mais une Tangerine maigrichonne aux poils blancs, presque anorexique, vieillie prématurément et surtout morose ou, pour être plus juste, dysphonique. Ses miaulements avaient perdu plusieurs décibels. Elles décidèrent de ne plus jamais se séparer.

## 72.

Comme un malheur n'arrive jamais seul, Eleanor trouva un télégramme envoyé par Spears, qui lui signifiait la fin de son contrat de travail pour absences réitérées et non motivées. Dans une lettre recommandée, Eleanor lui expliqua les raisons qui l'avaient obligée à prolonger son séjour de l'autre côté de l'Atlantique. Elle joignit un certificat produit par le consulat américain dans le royaume des Deux-Siciles, mais ne reçut aucune réponse.

Se sentant menacé par l'exposition temporaire de sa secrétaire, l'homme au cœur froid et à l'esprit calculateur qu'était Spears avait décidé de se débarrasser d'une subalterne qui commençait à devenir une rivale. Il avait saisi le premier prétexte venu.

Le Tyran des Os ne s'arrêta pas là. Sans tenir compte des engagements qu'il avait contractés auprès d'autres musées, il céda ses enfants momies au Musée d'histoire naturelle de San Diego en échange de Jonathan Charles, le ptérodactyle, qui fut accueilli à son arrivée avec les honneurs d'un satrape, puis suspendu dans le hall central.

## 73.

Le Musée flottant coula à pic.

## 74.

Grâce aux manigances d'Annabeth, Eleanor fut réincorporée au musée comme coordinatrice adjointe du vestiaire, une fonction qu'elle occupa avec la passion qui l'avait toujours caractérisée.

Contrairement aux autres employées, qui se contentaient de suspendre les manteaux sur le premier cintre disponible en tendant sans entrain des tickets aux visiteurs, elle inventa un nouvel art de ranger les vêtements qu'on lui confiait. Au lieu de procéder par classement ascendant ou descendant, allant des habits masculins aux affaires féminines, du velours à la soie et de la soie à la laine, du noir au blanc en passant par le rouge et le bleu, Eleanor préférait innover en inventant selon les jours des séries discontinues et imprévues, intercalant par exemple un parapluie entre un col en renard et une étole en lapin élimée à force d'avoir été portée.

« Le secret de la création est dans l'interruption », affirmait-elle.

Dans un casier, elle conserva les objets oubliés que personne n'avait réclamés au bout d'un certain temps. En ces temps difficiles, c'était une consolation de pouvoir faire quelque chose de tous ces chapeaux, gants, ombrelles, cannes et foulards restés sans maître, et les sauver d'une mort certaine dans l'incinérateur.

## 75.

La santé de Tangerine se dégrada brusquement.

Elle ne s'était en fait pas remise de son expérience traumatisante au Kitty's Palace. Alors que tout le monde pensait que l'incident était réglé, la chatte commença à avoir des convulsions. Annabeth et Eleanor consultèrent plusieurs spécialistes des maladies nerveuses félines, mais aucun ne parvint à diagnostiquer avec exactitude l'origine du mal.

Annabeth était certaine que Tangerine n'avait rien. Elle voyait dans ces spasmes un caprice félin pour attirer l'attention de ses mères. Eleanor, qui refusait de croire la chatte capable de ce genre de stratagèmes, craignait le pire. À dire vrai, elle ne s'était jamais pardonné de l'avoir abandonnée pendant son voyage transatlantique.

Après chaque crise, Eleanor redoublait d'attentions. Elle suivait les recommandations du Dr Garret, le vétérinaire au chevet de la chatte, et versait tous les matins dans son assiette de lait trois gouttes de laudanum. Dès qu'elle avait lapé la boisson, Tangerine s'écroulait sur son coussin et demeurait couchée sur le flanc, plongée dans un sommeil non dépourvu de cauchemars, à en juger par les tremblements qui, par instants, secouaient ses moustaches. De tout le règne animal, les chats sont ceux qui rêvent le plus. Mais il pouvait aussi s'agir d'un simple tic.

## 76.

Comme il fallait le craindre, un matin, Tangerine ne se réveilla pas. On envoya chercher le Dr Garret dans l'espoir qu'il la ranimerait. Mais c'était trop tard. Dans la nuit, elle était passée de vie à trépas.

La seule consolation qui restait à Eleanor pour surmonter cette tragédie consistait à épargner à la chatte le destin de putréfaction réservé à toutes les espèces sans exception, et surtout à échapper au spectacle de voir disparaître sous terre ce corps tendrement aimé.

On lui recommanda Mr. Barnett, un taxidermiste de la Seventh Street qui consacra tout son art et sa science à la momification de l'animal de compagnie. Après avoir fait une incision qui allait du sternum à l'orifice défécatoire pour pouvoir désosser, décharner et dépiauter le félin, Mr. Barnett et son assistant oignirent son pelage avec une pommade à base de trétraborate de sodium, insérèrent du fil de fer dans les pattes et la queue, bourrèrent l'intérieur du corps de coton, recousirent la peau au fil de soie et collèrent des yeux de verre jaune dans les cavités oculaires.

Le résultat final était si impressionnant que les deux femmes décidèrent d'entreposer la bête dans un coin du Musée frigorifique. Plus qu'un simple animal embaumé, Tangerine était une véritable œuvre d'art.

# V.

# *Tribus déclinantes*

77.

L'échange des momies causa plus de pertes que de gains au Musée d'histoire naturelle, et davantage de maux de tête que de trous dans la trésorerie. Seule une personnalité comme Zacharias Spears, mesmérisée par les jouets antédiluviens, pouvait avoir eu l'idée de troquer un ptérodactyle contre deux momies menant une carrière fluviale aussi glorieuse. Depuis quelque temps, la cote des dinosaures avait chuté et atteint son niveau le plus bas, faisant exploser la bulle fossilifère.

La crise eut des conséquences néfastes pour de nombreux musées du Midwest qui s'étaient endettés au-delà de leurs capacités en acquérant par exemple un iguanodon ayant perdu la moitié de sa valeur et que, comble de malchance, très peu de visiteurs venaient voir, attirés qu'ils étaient par le Musée du vent qui venait d'être inauguré à Waterloo, Iowa.

Incapables de payer leurs dettes, ils durent se déclarer en faillite. Les collections furent vendues aux enchères, pour une bouchée de pain, à des musées nécrophages.

Après qu'on eut apposé les scellés sur leurs portes et fenêtres, ils devinrent des musées fantômes habités par les spécimens que personne n'avait voulu acquérir, condamnés à sommeiller dans des vitrines au verre brisé, couverts d'un suaire de toiles d'araignée avant d'être délogés par une famille de moufettes.

## 78.

Une véritable fièvre des reliques funèbres s'installa. Des escadrons de chercheurs d'os de toutes nationalités arrivèrent dans l'Ouest. Équipés de pics, de pelles et de cartouches d'explosifs, ils se mirent à fouiller les ruines, à creuser les tumulus et les cimetières en quête de squelettes et d'antiquités américaines.

Étant donné que la valeur d'échange des marchandises est déterminée par leur rareté, et ce, quelle que soit la valeur d'usage, le prix des corps embaumés flamba. Une momie anasazi découverte par hasard par des enfants dans une grotte de Pueblo Bonito, Nouveau-Mexique, fut vendue 350 dollars par leurs parents au Musée d'archéologie de Leipzig.

La hausse des prix se propagea également aux artéfacts des tribus primitives, indépendamment de leur ancienneté, couleur ou fonction. Une veste en peau de bison aux manches frangées qui coûtait 3 dollars monta jusqu'à 30. Les coiffes en plumes d'aigle, les autels dédiés aux dieux de la guerre ou les jattes pour broyer les boutons de peyotl atteignirent eux aussi des prix incroyables.

Rien d'étonnant alors à ce que cet engouement favorisât de nombreux trafics illégaux.

## 79.

Sans aller plus loin que dans le port de New York, on surprit un citoyen de nationalité allemande quittant le territoire américain avec plusieurs coffres à double fond dans lesquels il avait dissimulé des cruches, des masques et des katchinas hopis (qui avaient du reste été confectionnées par les Navajos).

Interrogé par les autorités douanières, l'individu en question déclara être entré dans le pays pour assister au mariage d'un de ses cousins. La célébration terminée, las de la superficialité de la cote Est, il avait gagné l'Ouest, désireux de partir à l'aventure dans des contrées lointaines absentes des guides touristiques et où n'arrivaient encore ni les lignes télégraphiques ni le train. À Keam Canyon (Arizona), il avait acheté pour la somme de 25 dollars ces souvenirs qu'il comptait offrir à ses proches.

La valeur du lot fut estimée à 950 dollars. Tout portait à croire que l'imposteur était en réalité un ethnologue au service du musée de Hambourg, qui avait adopté depuis quelques années une politique d'acquisitions ambitieuse. Pour élargir sa collection, son directeur avait sans le moindre scrupule envoyé un de ses représentants de commerce dans le village hopi de Walpi.

## 80.

Les musées ont des tentacules qui s'allongent et se déploient sur des milliers de milles à la ronde pour atteindre de leurs ventouses un fétiche fabriqué à l'autre bout du monde, après quoi ils se contractent et se replient dans un parallélépipède de verre.

## 81.

Inquiet de ces déprédations, le Congrès créa une commission d'enquête pour lutter contre le trafic d'antiquités et d'objets primitifs, présidée par Mr. Kane, représentant du Michigan. Six mois plus tard, Mr. Kane exposa devant la chambre basse un rapport qui donnait la chair de poule.

D'après les renseignements transmis par les services portuaires, au cours de l'année qui venait de s'écouler, on avait confisqué dans les douanes de Boston, New York, Baltimore, San Diego et San Francisco plus de

20 canoës, 14 tipis, 95 bâtons de chasse, 86 métiers à tisser, 348 tapis, 264 coiffes de plumes, 128 calumets, 82 hochets, 45 bolas, 308 masques, 100 mocassins et 1 igloo. Le doute n'était plus permis. Des archéologues, des ethnologues et autres nuisibles venus de l'autre côté de l'Atlantique dépouillaient l'Amérique de ses richesses primitives. Il suffisait de jeter un coup d'œil dans les catalogues des musées européens pour constater les dimensions du pillage. Si on n'endiguait pas l'hémorragie, il faudrait bientôt se rendre jusqu'au Musée d'ethnographie de Göteborg pour pouvoir contempler un totem sculpté par les natifs de l'Oregon.

« Mort à cette immonde vermine ! », s'écria Mr. Ryder, représentant du Mississippi, en se levant.

Une salve d'applaudissements et de sifflements couvrit l'hémicycle. Tyler Kane interrompit son discours. Mr. Kingsley, le président de la Chambre, dut intervenir en actionnant une trompe afin de faire cesser le tumulte et d'inviter les législateurs à se comporter avec davantage de dignité.

Une fois les esprits calmés, Mr. Kane reprit la parole pour dénoncer la négligence des gouvernements qui, depuis des décennies, avaient fait preuve d'une indifférence teintée de mépris à l'égard de ces trésors. Il regretta l'incompétence du département de l'Intérieur et du Bureau des affaires indiennes, critiqua la gestion de nombreux musées qui avaient dilapidé des fortunes dans des os de reptiles aériens ou aquatiques noyés ou déplumés des millions d'années plus tôt, au lieu de protéger les arcs, les flèches et les masques de cérémonie qu'on volait à présent en toute impunité. Il proposa au Congrès un projet de loi de protection du patrimoine primitif national, qui réglementerait l'exploitation des gisements archéologiques et sanctionnerait avec la plus grande sévérité la contrebande avant qu'il ne fût trop tard.

82.

Des 20 000 tribus existant avant la fondation de Jamestown par John Smith, seules 250 avaient survécu. Les sociétés modernes avaient de plus en plus besoin d'espace pour augmenter leur productivité et, une fois leur croissance obtenue, il leur fallait encore davantage de place si bien qu'on avait délogé les natifs de leurs terres et chasses traditionnelles pour les reléguer dans des réserves. Beaucoup ne résistèrent pas à ce changement d'habitat. Ceux qui n'étaient pas morts de faim, de la variole ou de tristesse durent s'adapter à un mode de vie misérable.

D'après les chiffres du dernier recensement du Bureau des affaires indiennes, la population indigène avait décru de soixante-cinq pour cent durant les dix dernières années. La plupart des tribus avaient totalement disparu de la carte, laissant des noms imprononçables pour désigner un fleuve, une ville ou un État. D'autres n'étaient pas loin de connaître la même destinée. Même les populations indiennes les plus résistantes fondaient comme des blocs de glace sous le soleil des tropiques.

Afin de juguler cette calamité, le département de l'Intérieur alloua au Bureau des affaires indiennes un budget de 100 dollars annuels. On envoya non seulement dans les réserves des caisses contenant des vêtements, des sacs de farine ou des boîtes de maïs, mais aussi des bataillons d'institutrices formées dans les meilleures écoles de Nouvelle-Angleterre, prêtes à apprendre à lire et à écrire aux enfants. Pour détourner les adultes du paganisme, on mobilisa des troupes de missionnaires baptistes, méthodistes et mennonites.

Sans l'ombre d'un doute, dans une ou deux générations les natifs qui portaient des cache-sexe et s'alimentaient de ragoût de serpent seraient devenus des gentlemen du désert, ils se promèneraient à cheval avec leurs chiens et se rendraient à l'église en calèche, comme n'importe quel fermier texan.

## 83.

Avant qu'il ne fût trop tard, Thomas Lloyds convoqua en séance extraordinaire le directoire, qui approuva par quatre voix et une abstention la destitution de Mr. Spears, accusé de détournement de fonds. À sa place, on nomma Ryan Wagner pour le récompenser de sa trajectoire exemplaire au service de l'histoire naturelle.

Après avoir procédé à cette modification, le directoire décida de créer un nouvel établissement dans la famille smithsonienne, qui constituerait pour les antiquités et les artéfacts américains une auberge où ils seraient à leur aise comme dans leur propre foyer : le Musée de la vie primitive.

En plus d'abriter et d'exposer le patrimoine menacé, ce musée était appelé à enrichir la collection de trésors natifs et à organiser des expéditions pour rassembler des objets, consigner des termes de vocabulaire et répertorier les coutumes.

Enthousiasmé par l'idée de créer un musée porteur de si nombreuses promesses, qui serait une sorte de jalon cyclopéen en ces temps incertains quant au destin de l'humanité, Thomas Lloyds déclara que la personne idéale pour diriger cette entreprise était Benjamin Bloom.

## 84.

Le Benjamin Bloom en question n'était pas Benjamin Bloom, le malheureux expéditionnaire qui avait écopé d'une peine de trois ans de prison faute d'avoir honoré la dette contractée auprès du Musée d'histoire naturelle. De même qu'il existait en Amérique 18 fleuves ou rivières Colorado, 83 villes appelées Washington et 358 grandes artères nommées Madison Avenue, il y avait 435 individus portant le prénom et le patronyme de Benjamin Bloom. Une relation de parenté unissait du reste le vieux Benjamin Bloom au jeune, le père de Benjamin Bloom étant le frère du père de Benjamin Bloom.

## 85.

Le Benjamin Bloom qui allait diriger le Musée de la vie primitive avait vu le jour à Swampscott, à vingt milles de Boston, et non à Philadelphie, comme son cousin. Très jeune, pendant qu'il étudiait le droit au St. John's College, il s'était intéressé aux peuples de l'Antiquité. Les Grecs et les Romains le fascinaient mais il se passionnait surtout pour les Égyptiens et les Phéniciens. Entre les Phrygiens et les Lygiens, il préférait ces derniers. Les Ordos lui inspiraient de l'antipathie et les Hittites l'ennuyaient un peu.

Il ne put décrocher son diplôme, car juste avant les examens, la guerre éclata et il dut s'enrôler comme volontaire dans le 15e bataillon de cavalerie. Alors qu'il levait le bras pour qu'on ouvrît le feu lors de la bataille de Stones River, une balle confédérée lui érafla le poignet. Du fait des conditions d'hygiène déplorables dans les contrées mississippiennes, sa blessure s'infecta et, faute d'un traitement adéquat, son bras se gangrena. La Providence n'ayant pas placé Zacharias Spears sur sa route, le membre fut jeté sur un tas de détritus et laissé à la merci des fourmis et des asticots de mouche verte.

À la fin du conflit, pour le remercier des services qu'il avait rendus à l'Union, on lui remit la Médaille de l'Honneur et on l'éleva au grade de capitaine. L'université de Boston l'engagea comme professeur de droit canon, mais quelque temps plus tard il trouva irrespirable l'air vicié des amphithéâtres exhalé par des étudiants qui somnolaient, se rongeaient les ongles ou s'amusaient de Dieu savait quelles imbécillités quand il exposait les problèmes ardus posés par la *Lex Scantinia*. Pendez-les haut et court !

## 86.

Dégoûté par l'éducation de la jeunesse, il demanda sa réincorporation dans l'armée, persuadé que pour le récompenser de ses bons et loyaux services, on lui accorderait un poste au département de la Guerre. Il se trompait. On le nomma commandant du fort de San Agustín de Tucson, en Arizona, à plus de 2 200 milles de Washington DC, 1 000 de Kansas City et 70 de la frontière mexicaine, afin de soumettre les

Apaches Chiricahuas, une des tribus les plus récalcitrantes du Sud-Ouest.

Le département de l'Intérieur avait proposé à ces Indiens quelque trois cents acres de terre. Au lieu de profiter de l'offre pour s'installer, ces voyous avaient préféré continuer leur vagabondage pour dépouiller le bétail des fermiers ou attaquer le train qui passait une fois par semaine, qu'ils arrêtaient en se servant de la vieille astuce de la jeune fille attachée sur les voies, à dire vrai un sac de farine enveloppé de vêtements féminins.

Les Apaches s'en prenaient aussi aux Pimas, aux Pagayos et aux Maricopas, qui vivaient pacifiquement, confinés dans leurs réserves respectives. Les Chiricahuas pillaient leurs provisions envoyées par le Bureau des affaires indiennes, enlevaient les femmes nubiles ou volaient des pichets afin de les revendre au marché noir des produits artisanaux.

## 87.

Avant de quitter Boston, Benjamin Bloom commanda un crochet en métal spécialement conçu pour lui permettre de tirer avec son fusil Remington .58. Sitôt arrivé à Tucson avec ses livres d'histoire ancienne, il commença à jouer de la gâchette. Les Apaches ne se laissèrent guère intimider et ripostèrent en redoublant de tirs avant de se disperser dans toutes les directions pour rendre leur capture plus malaisée.

Le capitaine Bloom mobilisa cent hommes avant de localiser une bande repliée le long des parois rocheuses de Mogollon Cave, qui s'adonnait stupidement à la boisson. Lorsque les Indiens voulurent prendre la fuite, les troupes ouvrirent le feu et tirèrent sur tout ce qui bougeait, faisant exploser des crânes et perforant des poumons.

Mais les scélérats ne s'assagirent pas pour autant. Dès que l'occasion se présenta, ils tuèrent deux soldats. L'armée exécuta quarante-cinq Apaches, parmi lesquels des vieillards, des femmes et des enfants. Les Apaches incendièrent le ranch de Mr. Wallace, égorgèrent et outragèrent son épouse et ses trois filles.

Le capitaine Bloom revint à la charge, cette fois accompagné de deux cents hommes prêts à régler leur compte à ces bandits. Pendant des semaines, ils ratissèrent chaque acre de la réserve de la Pimerie sans voir un seul Apache. Les gredins avaient sans doute trouvé une cachette de l'autre côté de la frontière. Les autorités mexicaines les laissaient traverser avec toute l'indifférence qui les caractérisait.

## 88.

Pour gagner une guerre, il ne suffit pas d'employer la force brute. Encore faut-il bien connaître son ennemi afin d'anticiper ses actes et de neutraliser ses manœuvres. Benjamin Bloom le savait. S'il voulait vaincre les Apaches, il devait se mettre dans la peau d'un Apache et devenir plus apache que lui.

Il changea de stratégie, tâcha de glaner le plus d'informations possible sur les coutumes des Chiricahuas, qui lui ménagèrent plusieurs surprises. Il apprit qu'avant d'attaquer, ces guerriers mastiquaient des feuilles d'agave bleue leur permettant de supporter pendant des heures la faim, la soif et la fatigue. Lors des combats, les femmes n'avaient pas le droit de toucher à la viande crue.

Les Apaches Mescaleros redoutaient les maladies. Selon eux, les maux étaient causés par le maléfice d'un animal impur comme le hibou. Ils abandonnaient à leur sort les membres de la tribu atteints du typhus ou de la variole, et quand l'un d'eux mourait, on supprimait le nom du défunt de la langue et il ne pouvait plus être prononcé.

Les Apaches Jicarillas n'étaient pas autorisés à exprimer certaines émotions. Ils pouvaient rire, se fâcher, se réjouir, afficher leur tristesse, trahir leur peur ou leur dégoût, mais certainement pas pleurer. Les lamentations étaient taboues. L'enfant qui se blessait en tombant, la femme quittée par son mari, le vieillard incapable de se lever parce que ses os étaient douloureux devaient refouler leurs larmes jusqu'au solstice d'hiver, où se déroulait solennellement la Cérémonie des Pleurs pour les Imperfections de la Vie.

## 89.

Comme une tache d'huile sur l'eau, la curiosité de Bloom s'étendit à d'autres tribus du Sud-Ouest. Il fut très étonné de s'apercevoir que la langue, la religion, l'art, la cuisine, l'économie et les formes de gouvernement de ces natifs faisaient ressortir les particularités de peuples qui s'étaient éteints des milliers d'années auparavant et dont les vestiges étaient à présent enfouis dans la terre.

Les Havasupais avaient la même vénération pour les serpents à sonnette que les anciens Égyptiens pour les vipères aspics. Quand un crotale pénétrait dans un foyer, il fallait quitter les lieux sans tarder et demander au chamane de venir réciter une prière invitant l'ophidien à se trouver un autre logis. Les Taos construisaient des maisons en adobe en utilisant des techniques identiques à celles des Sumériens. Comme les Hébreux, les Mojaves pratiquaient la circoncision huit jours après la naissance de l'enfant. Semblables aux Phéniciens, les Navajos ne perdaient jamais une occasion d'engranger des gains liés au commerce, mais au lieu de sillonner les mers, ils parcouraient le désert peint.

## 90.

Pris d'un appétit irrépressible pour les us et coutumes de ces tribus, Benjamin Bloom voulut en savoir davantage. Il laissa les Chiricahuas dépouiller des ranchs et des trains et se consacra à l'étude des langues vernaculaires. Il interrogea tous les natifs qu'il rencontrait, visita les ruines de villages cachés entre les parois rocheuses des canyons, et dont les habitants avaient mystérieusement disparu sans laisser de traces. Il commença à collectionner des masques, des fétiches et des tapisseries qui couvrirent peu à peu les murs de son bureau, se mit à dévorer avec gloutonnerie tous les livres qu'il pouvait acheter par correspondance, comme *Les Faveurs célestes* du père Eusebio Francisco Kino qui avait enjésuité la Californie et la Haute Pimerie.

Ces lectures le laissèrent sur sa faim. On ignorait plus de choses qu'on n'en savait et, pis, parmi ces maigres connaissances il était très malaisé de distinguer le vrai du faux et le faux de la diffamation. La plupart des tribus étaient connues sous des noms erronés.

Ainsi, les Apaches n'étaient pas des Apaches. Selon les circonstances, ils s'autodénommaient Tinneh, Inde, Dinde ou N'de (je ne suis pas sûr de la graphie).

Apaches était le nom que leur avaient donné les Zuñis (qui par ailleurs ne s'appelaient pas Zuñis, mais Ashiwis), leurs ennemis ancestraux. En langue zuñi, apache signifiait précisément ennemi. S'il en allait ainsi pour les noms, il y avait fort à parier qu'il en était de même pour tout le reste. Les coutumes attribuées aux Apaches étaient donc un tissu de mensonges inventé par leurs adversaires.

Pour mettre un terme à ces médisances et savoir qui était qui et qui faisait quoi, il fallait cesser de s'intéresser aux commérages répandus par les jésuites, les conquistadores, les missionnaires, les trafiquants et autre vermine qui avaient envahi et dévasté la région. Bloom décida de visiter chaque tribu, une par une, afin de tenir compte exclusivement des informations obtenues à la suite de son observation directe et de rien d'autre.

On étudiait bien dans les détails la vie des étoiles qui scintillaient dans la voûte céleste en érigeant des télescopes au milieu du désert, alors pourquoi ne pas s'intéresser de manière similaire aux tribus condamnées à bientôt disparaître, qui vivaient à quelques heures à peine de nos foyers ? Les astres ne parlent pas, pourtant ils reviennent toujours au même point. Mars et Vénus continueraient de tourner autour du Soleil alors que ces façons de penser, de parler, de percevoir les couleurs et de moudre le maïs auraient disparu à jamais, emportant avec elles des données essentielles à la compréhension de l'histoire de l'humanité.

## 91.

Benjamin Bloom troqua les campagnes punitives contre des visites d'investigation. Pour n'éveiller aucune méfiance, il voyageait seul ou accompagné d'un interprète quand il méconnaissait la langue. En échange de cadeaux, il put interroger des vieillards, dresser des lexiques, transcrire des mythes, collecter des poteries, se faire prendre en photo avec un masque pendant la célébration de la danse des antilopes.

De retour à Tucson, Benjamin Bloom dictait au lieutenant O'Hara, son secrétaire personnel qui faisait également office de scribe, une chronique de son voyage publiée dans le journal local le premier vendredi de chaque mois. Grâce à ses articles, Bloom devint si célèbre qu'il décida de se laisser pousser les cheveux et de tailler sa barbe et sa moustache dans le style buffalobillien.

Quand il s'accoudait au comptoir du Shoo Fly, seule taverne de la ville ouverte toute la nuit, de nombreux habitants le saluaient et l'invitaient à boire un verre de mezcal. Au fond de la salle se réunissaient les joueurs de poker, les mineurs qui pariaient à des combats de coqs et des femmes en robes aux couleurs criardes qui dissimulaient sous plusieurs couches de maquillage des rides causées par des appétits chaotiques. Il y avait là trop de fumée et de nez rouges. Bien qu'ils eussent déjà un pied dans la tombe, de nombreux fermiers dansaient au son des violons et martelaient le parquet de leurs talons. À l'heure de la fermeture, il fallait bien souvent appeler le shérif pour lever un cadavre.

## 92.

Pendant que Benjamin Bloom rendait visite aux Yumas, la mission de San Xavier del Bac, située à quelque douze milles de Tucson, fut attaquée par une horde d'Apaches qui à la faveur de la nuit égorgèrent une demi-douzaine de franciscains, incendièrent la chapelle et dévalisèrent la sacristie, subtilisant entre autres objets les calices que le père Eusebio Francisco Kino avait commandés aux orfèvres de la Compagnie de Jésus de Californie.

Accusé de désertion, Benjamin Bloom fut traduit devant un tribunal militaire qui décida de le dégrader, le destituer et le déclarer totalement inapte à exercer quelque fonction que ce fût au sein de l'armée pour le restant de ses jours. On nomma à sa place le capitaine William, qui arriva avec mille hommes en renfort, résolu à faire régner l'ordre sur ce territoire indomptable et à neutraliser les tribus qui refuseraient de respecter la loi.

Captivé comme il l'était par l'ethnologie, Benjamin Bloom n'accorda guère d'importance à ses faux pas. Bien au contraire, il avait le sentiment de s'être délesté d'un poids. Il allait enfin avoir le loisir de se consacrer pleinement à sa vocation. Le temps pressait. Ses recherches devaient à présent franchir les frontières poussiéreuses du Sud-Ouest.

93.

À court d'argent, Benjamin Bloom vendit ses chroniques à *Canibalia*, une revue d'art, archéologie, ethnologie et littérature en vente dans les meilleurs kiosques, dont le siège se trouvait à Brooklyn.

Des courriers de lecteurs affluèrent à la rédaction pour demander s'il était vrai que les Hopis exécutaient une danse avec un serpent à sonnette dans la bouche, que les Apaches Mimbreños collectionnaient les scalps de leurs ennemis ou que les chamanes tonapahwas étaient capables d'avaler des braises ardentes sans se brûler.

L'Est rêvait de l'Ouest et *Canibalia* vendait ce rêve pour 3 *cents*.

94.

On invita Benjamin Bloom à donner des conférences dans des cercles, des salons et des congrès qui se tenaient dans les meilleurs hôtels d'Amérique. En redingote et chemise blanche amidonnée, un bouton de diamant fermant le col, il haranguait le public pendant des heures afin de rallier des adeptes à la cause ethnologique. Magnétisés, tous écoutaient ses paroles sans même oser tousser.

« Mesdames et messieurs, commençait Bloom.

— On n'entend rien ! criait-on au fond de la salle.

— Mesdames et messieurs », répétait Bloom d'une voix tonnante avant de poursuivre.

À une époque encore très récente, la science ne manifestait guère d'intérêt pour l'espèce humaine. Absorbée par l'étude de la Nature, elle avait relégué cette tâche aux archidiacres, philosophes, poètes et autres charlatans. Les hommes connaissaient à la perfection le monde minéral, végétal et animal, mais ils ne savaient rien de leur propre histoire, jusqu'à ce qu'un beau jour le progrès les incitât à approfondir leurs acquis, bouclant ainsi la boucle.

Comment l'homme était-il devenu homme ? Quel avait été le chemin lent et scabreux qui avait conduit notre espèce à devenir ce qu'elle était ? Quelles lois avaient guidé ce cheminement ? Quels stades l'homme avait-il traversés ? Comment avait-il appris à parler ? À travailler ? À penser ? Quand avait-il cessé de coucher avec ses parents, ses frères et sœurs, ses grands-parents ? À quel moment avait-il eu conscience de son infinie finitude et de sa peur de mourir ? Quand avait-il enterré ses morts, gagné par la crainte sacrée du monde situé au-delà du sien et tenté de s'attirer la sympathie des dieux et des démons par des invocations, cultivant le plaisir désintéressé de peindre, chanter, danser ou réciter des poèmes qui plaisent universellement sans concept ?

Les us et coutumes des sociétés primitives montraient comme un miroir, à qui le souhaitait et savait la contempler, l'image de l'homme tel qu'il avait été à ses débuts. Encore fallait-il observer, avec la même rigueur scientifique que pour étudier les restes d'un céphalopode paléozoïque imprimés sur une pierre, la vie de ces tribus en train de s'éteindre l'une après l'autre de manière irréversible, et qui étaient de véritables musées de l'enfance de l'humanité. Ce n'est qu'ainsi que nous pourrions savoir, une bonne fois pour toutes et à jamais, qui nous étions, d'où nous venions et où nous allions. Il fallait agir dès à présent. Le temps était compté.

## 95.

À la fin d'une conférence donnée à l'hôtel Willard de Washington DC, alors que ses admirateurs venaient lui demander un autographe et qu'il gribouillait une griffe enfantine avec son crochet spécialement conçu pour écrire, on lui apporta sur un plateau un billet envoyé par Thomas Lloyds, qui lui proposait de le rencontrer dans le château smithsonien.

Le lendemain, en ouvrant la porte du bureau situé dans la tour octogonale, Benjamin Bloom découvrit un homme déjà âgé bien que parfaitement conservé, qui lui serra la main avec effusion. À en juger par sa barbe lincolnienne brossée avec soin, il avait de toute évidence passé dans la matinée un temps considérable à se pomponner.

Après l'avoir invité à s'asseoir, Thomas Lloyds lui servit une coupe de champagne. Ils conversèrent distraitement de politique, de sports et du temps qu'il faisait. Le champagne était excellent.

Avec une joie non dépourvue de vanité, Benjamin Bloom remarqua du coin de l'œil, posé sur le bureau, le numéro de *Canibalia* où il avait publié sa visite aux Havasupais. Son hôte dut le surprendre car il se mit aussitôt à lui parler de son papier. Il fit l'éloge de la photographie avec des cascades et des canyons en arrière-fond, où Bloom se tenait au premier plan, accompagné de natifs enveloppés de peaux de coyote.

Mr. Lloyd lui resservit du champagne et fit déborder la coupe. Pour essuyer la tache pétillante qui s'était étendue jusqu'au bord de la table et avait abîmé l'exemplaire de la revue, il n'hésita pas à retirer son gilet de velours noir et à s'en servir comme d'une éponge.

Parvenu à ce degré d'intimité, Thomas Lloyds lui demanda si être directeur du Musée de la vie primitive l'intéresserait. Benjamin Bloom en fut abasourdi. Dans un premier temps, il pensa avoir mal entendu. On lui proposait de diriger un musée sur le point d'être créé à Washington pour qu'il pût réaliser ses rêves ethnologiques. Il n'en croyait pas ses oreilles. C'était pourtant la vérité.

Des mois durant, le directoire avait cherché des candidats qualifiés pour ordonner, exposer, protéger et accroître les trésors natifs de l'Amérique en les mettant à l'abri du pillage, de l'indolence ou de l'érosion du temps. De nombreux noms avaient été envisagés, mais aucun ne les avait convaincus. En entendant son discours sur les tribus déclinantes, Thomas Lloyds avait eu une révélation et n'eut plus le moindre doute sur la question. Benjamin Bloom était fait pour être à la tête de ce musée comme l'annulaire pour se glisser dans une alliance.

Ému par la nouvelle, Bloom se leva et tendit la main droite au vieil homme. Tout aussi ébranlé, Thomas Lloyds le serra dans ses bras. Ils dansèrent pendant une minute, ventre contre ventre, sur le rythme imaginaire d'une musique tribale, tandis que Thomas Lloyds susurrait à l'oreille du futur directeur des phrases par instants inintelligibles. Ils terminèrent la bouteille de champagne.

En prenant congé, Thomas Lloyds lui avoua qu'il se réjouissait à l'extrême de savoir que, bientôt, ils travailleraient dans des bureaux dont les portes donnaient sur le même couloir.

## 96.

Sitôt sa nomination confirmée, Benjamin Bloom déménagea à Washington DC avec sa collection de masques, tapis, poteries, fétiches, livres et carnets.

Sa première décision fut de loger le Musée de la vie primitive dans l'aile droite du château, réduisant les salles du Musée d'histoire naturelle les moins indispensables. Pour ce faire, il exigea sans l'ombre d'une hésitation que Ryan Wagner, le nouveau directeur, expulsât les tyrannosaures, les pélicans pâlichons empaillés et plusieurs caisses de fougères fossiles qui n'attiraient plus l'attention de quiconque. Ce détrônement lui permit de gagner environ cinq cents yards carrés, un espace plus que suffisant pour accueillir les restes squelettiques de l'homme américain et les produits de son artisanat.

Assisté du lieutenant O'Hara, qui l'avait suivi dans cette aventure, Benjamin Bloom souhaita la bienvenue aux artéfacts qui arrivèrent par vagues successives des bureaux des douanes jusqu'au musée, les inscrivit au catalogue en leur attribuant un numéro et un court texte descriptif qui leur permettaient d'obtenir leur carte de séjour au sein de la république des objets exposables.

## 97.

Le temps viendrait plus tard d'agencer les vitrines et de déployer les vieux objets comme des panoplies. Benjamin Bloom désirait que son musée ne fût pas une simple foire artisanale, mais un véritable observatoire des tribus déclinantes. Pour cela, il fallait mettre sur pied des expéditions conduites par des ethnologues-voyageurs professionnels. Ce n'était pas chose facile.

Comme dans l'Europe parcheminée, il existait en Amérique des sociétés ethnologiques constituées de gentlemen qui organisaient des réunions au Yachting Club en buvant du whisky, confortablement carrés dans un canapé. Ils lisaient des articles sur des coutumes primitives compilées par des missionnaires, des voyageurs, des pirates ou des fonctionnaires des colonies, où étaient distillées toutes sortes d'erreurs qui, comme un rhume, se transmettaient de bouche en bouche et passaient d'un esprit à l'autre.

En quête d'expéditionnaires, Benjamin Bloom entra en contact avec chacune de ces sociétés, mais il fut vite déçu. Aucun de ces petits messieurs qu'une nuit glaciale suffisait à gripper, une promenade sous le soleil du désert à insoler, quelques boyaux de buffle à indisposer, une chevauchée à détruire leurs meilleurs gants en castor, n'était prêt à renoncer au confort de la vie citadine pour passer un moment au grand air dans une société primitive.

Ces Bons-à-Rien refusaient de dépenser le moindre *cent* dans un voyage afin d'observer ce qui pouvait être lu dans un livre. Voyager était louche. Ne voyageaient que ceux qui cherchaient à fuir leurs créanciers ou à oublier un amour malheureux. Voyager était un plaisir des plus tristes, répondirent-ils à Bloom. Alors au diable ces Culs-de-Plomb !

## 98.

Pour recruter ses troupes, Benjamin Bloom ne recula devant aucun stratagème.

Il dicta à Joshua O'Hara des lettres où il implorait certains naturalistes de remplacer l'observation des poissons de la rivière Snake par celle des relations de parenté des Huskis ; dans d'autres missives, il exhortait plusieurs militaires qui avaient combattu les Sioux à rendre les armes devant la science et à considérer les primitifs non plus comme des ennemis, mais comme des objets d'étude hautement intéressants. Il n'hésita pas à engager des missionnaires capables de sacrifier au nom de la religion ce qu'aucun scientifique n'aurait été prêt à supporter au nom de la science. Il donna même leur chance à quelques dames intrépides assoiffées d'aventure. Avec les ethnologues débutants qu'il parvint à enrôler, il put commencer à rendre visite aux tribus qui se concentraient dans le

Sud-Ouest, qu'ils se répartirent entre eux par tirage au sort.

## 99.

Avant de les envoyer au front, Benjamin Bloom dispensa à ses troupes un cours accéléré sur la manière d'étudier une société primitive en quelques semaines avec une rigueur toute scientifique. Il leur enseigna des techniques d'observation, des rudiments de langues natives, des astuces pour acquérir des poteries, des coiffes de plumes ou des crânes humains, et leur montra comment monter une tente et réagir après une morsure de serpent.

Il leur recommanda de redoubler d'attention en choisissant leurs informateurs. L'idéal était de sélectionner plusieurs natifs qui ne se connaissaient pas et étaient enclins à se confier. Ils devaient les interroger séparément afin de détecter facilement les faux témoignages au cas où ils se contrediraient.

Les femmes ethnologues furent invitées à travailler de préférence avec des personnes du même sexe, dont elles gagneraient la confiance et la complicité. Elles obtiendraient ainsi des informations qui, par pudeur ou circonspection, auraient été cachées à leurs collègues masculins.

## 100.

Quand tout le monde fut prêt, Joshua O'Hara acheta les billets et réserva une cabine dans le wagon-lit.

En se dirigeant vers le sud-ouest, les ethnologues avançaient dans l'espace mais reculaient dans le temps. Grâce aux progrès de la technique et aux investissements de la Baltimore & Ohio Railroads et de la Chicago-Santa Fe & San Diego Railways, il était désormais possible de traverser en quelques jours la route que l'humanité avait parcourue pendant des millénaires, quoique en sens inverse, en descendant les marches qui menaient de la science à la magie, de la famille monogame à l'aphrodisme, de la propriété privée aux terres communales, de la démocratie à la gynécocratie, du monothéisme à l'animisme, de la redingote au pagne, de la neurasthénie des grandes villes à la sérénité de la vie tribale, des cours d'eau contaminés au mercure aux torrents d'eau cristalline vénérés comme des dieux et non comme des algorithmes pour édifier des ponts.

## 101.

Après avoir présenté la lettre de recommandation écrite par le surintendant du Bureau des affaires indiennes, les ethnologues campaient à l'extérieur de la réserve pour ne pas déranger les natifs et éviter de les effrayer, car ils étaient souvent aussi craintifs que des écureuils.

Sans perdre de temps, ils envoyaient des salutations aux chefs tribaux afin de gagner leur confiance, ce qui était loin d'être garanti. Les chefs se tenaient toujours sur leurs gardes quand des hommes blancs se trouvaient à proximité, d'autant plus quand il s'agissait d'ethnologues. Pour vaincre leur animosité, ces derniers leur offraient des boîtes de cigares et des bouteilles de whisky irlandais. Si le cacique demeurait insensible, ils tâchaient de se lier d'amitié avec leurs épouses, leur donnaient des boucles d'oreilles, des bagues ou des chapeaux achetés en solde dans une boutique de la Forth West Avenue.

Dès qu'ils avaient le soutien des chefs, les ethnologues piquaient un plongeon dans la vie primitive. Après s'être discrètement introduits parmi les membres de la tribu, ils observaient tout ce qui se présentait dans leur champ de vision d'un œil dépourvu de tout préjugé, croyance ou affect, gravant sur leur rétine les comportements dont ils étaient témoins sans se laisser envahir par le dégoût, la surprise ou l'ennui, se gardant de privilégier un aspect plutôt qu'un autre, attentifs au moindre détail, aussi infime fût-il.

Suivant les instructions de Benjamin Bloom, ils étudiaient les hommes qui allaient à la chasse et les femmes qui ornaient les poteries de motifs géométriques avec des pigments tirés du genipa, jouaient avec les enfants et les adolescents pubères afin d'apprendre ce que les adultes leur avaient caché. Comment appelait-on la sœur de la mère ? Et le frère du père ? Et le père du frère aîné de la femme de l'oncle de la mère ? Règles régulières ou irrégulières ? Âge de la perte de la virginité ? Avec combien d'hommes ? Des personnes du même sexe ?

Les ethnologues s'invitaient aux cérémonies d'initiation ou aux danses pour s'attirer les bonnes grâces des dieux du maïs. Au cours des festins, ils buvaient en essayant de ne pas perdre contenance, puis se retiraient sous leur tente pour dormir, évitant tant que faire se pouvait de participer aux orgies. Ils savaient pertinemment que les relations charnelles risquaient de mettre leur mission en échec.

# VI.

## *Sociétés primitives*

## 102.

Son travail d'observateur, d'interrogateur et de collecteur terminé, chaque ethnologue regagnait Washington DC avec des trésors qui étaient confinés dans la réserve ou des notes confiées à Joshua O'Hara pour qu'il les mît au propre. Une fois dactylographié, ce matériel était archivé selon sa taille et son volume dans des chemises de bristol rouge ou des boîtes en carton, les références inscrites au dos, en attendant d'être publié dans les *Annales du Musée de la vie primitive*.

Toute cette paperasse informative vint encombrer les placards et les étagères. Faute de place, les dossiers commencèrent à s'accumuler par terre, formant des tours ou des montagnes qui s'effondraient régulièrement. À un moment donné, il devint très difficile de circuler. Pour aller de son bureau jusqu'à la porte qui communiquait avec celui de Benjamin Bloom, Joshua O'Hara devait avancer en sautillant, redoublant de prudence pour ne pas écraser une boîte ou glisser sur une feuille.

Les papiers peuvent se révéler aussi dangereux que les peaux de banane.

## 103.

Ces documents causèrent une vive impression à Benjamin Bloom, qui ne cessait de ruminer ce qu'il avait lu sans en oublier un mot, à croire qu'une substance stimulante mais également addictive, le venin de l'ethnologie, s'était imprimée sur sa rétine.

Il ne pouvait plus penser à rien d'autre. Son cerveau se débattait jour et nuit, disséquait, cataloguait et ordonnait ces notes pour savoir comment les publier dans les *Annales du Musée de la vie primitive*, sans commettre l'erreur de porter à la connaissance des ethnologues de salon un brouillamini d'informations destinées à mettre de l'ambiance dans leurs réunions. Bloom voulait faire tenir les différentes pièces de ce casse-tête de langues et d'us et coutumes dans une histoire qui expliquerait comment l'homme était devenu homme.

Bien entendu, certains détails ne coïncidaient pas, certaines parties manquaient et des éléments se contredisaient. Benjamin Bloom repartait alors du début et échouait de nouveau. Dans un moment de découragement, il en vint à se dire que ce projet était au-delà de ses forces et de celles de tout autre individu. Les ethnologues étaient atteints de strabisme : un œil regardait ici et un autre là. De même qu'on ne peut voir une représentation théâtrale en étant à la fois acteur et spectateur, il semblait difficile d'être un homme et de comprendre l'homme en restant en dehors de l'humanité.

Mais il ne se laissa pas abattre par ces difficultés.

Un matin, Joshua O'Hara entra dans son bureau et le trouva les yeux injectés de sang et la barbe hirsute, dans un état d'excitation tel qu'il craignit qu'il eût perdu l'esprit. Il n'en était rien. En réalité, dans la nuit, il avait enfin réussi après de nombreux efforts à entrevoir, comme s'il avait introduit une pièce de monnaie dans un Kinétoscope, les silhouettes successives incarnées par l'homme, étape par étape, dans un mouvement de perpétuelle ascension, depuis le début de son existence jusqu'à ce qu'il devînt tel qu'il était.

Enflammé par cette étincelle, Benjamin Bloom se mit à parler – à croire qu'on l'avait remonté à l'aide d'une clé et que des centaines d'engrenages s'étaient activés dans son larynx. D'une voix métallique, il s'exprima toute la matinée et continua à midi, pendant qu'ils déjeunaient au réfectoire du château, il poursuivit son monologue après le travail, dans le tramway qui les conduisait à Dupont Circle, puis, les conditions météorologiques se prêtant à la conversation, il dégoisa au cours de la promenade qu'ils firent dans New Hampshire Avenue et ce jusqu'à l'Octopus, où il ne se tut que lorsqu'un ressort de sa machine interne se bloqua.

104.

Benjamin Bloom fut parcouru d'un frémissement très particulier en découvrant les coutumes rapportées par Mr. Barnett à propos des Wakoas, une tribu avec laquelle le chercheur avait cohabité pendant plus de vingt-cinq jours. Il avait accompagné les Indiens dans leurs déplacements dans la région de Salt Creek.

Les Wakoas n'avaient pas de parenté physique ou linguistique avec les Hopis, les Zuñis et les Navajos, et pas davantage avec leurs voisins plus lointains, tels que les Yumas, les Yaquis et les Tarahumaras. Isolés du reste de l'humanité par le désert, ces aborigènes avaient conservé dans un état de pureté exceptionnel des coutumes disparues de la surface de la Terre depuis des millénaires. Véritables fossiles vivants, ils nous fournissaient des informations sur l'homme dès qu'il avait été installé dans sa condition d'homme.

Ils ne construisaient pas de huttes, ne labouraient pas la terre, n'avaient pas d'animaux domestiques. Ils ne connaissaient pas la poterie non plus, ne pratiquaient aucune religion, aucun art, hormis dans leurs formes les plus rudimentaires. Comme au commencement des temps, les Wacoas vivaient encore en groupes gouvernés par un patriarche qui jouissait de toutes les femelles et expulsait les mâles plus jeunes que lui dès qu'ils avaient atteint la maturité sexuelle pour éviter toute rivalité ou querelle.

La visite de Mr. Barnett coïncida avec le déclin du tyran. Au fil des années, ce monstre implacable était devenu un petit vieux chétif fort abîmé par tous les excès commis dans sa jeunesse. C'est à peine s'il arrivait à faire une promenade matinale sur ses jambes sillonnées de varices, appuyé sur un bâton.

Les femelles sollicitaient sans cesse ses faveurs en souvenir de ses exploits d'antan, célébrés dans des sagas et des mythes. Le vieillard les priait vivement de ne pas l'importuner, mais elles revenaient l'assaillir de leurs baisers et pincements. Le vieux les repoussait, les menaçait en serrant le poing avec une véhémence qui l'exténuait.

Les nuits de pleine lune, dans l'espoir d'attiser son appétit sexuel, les plus jeunes lui présentaient des racines aphrodisiaques que la vieille branche suçotait entre ses gencives édentées. À la fin du banquet, les vierges s'allongeaient nues sur sa couche en lui offrant leurs prémices. Malheureusement, il s'endormait.

Il ne fallait donc pas s'étonner si, pour s'émanciper de cet asservissement plein de décrépitude, la plupart de ces jeunettes se fussent abandonnées aux joies saphiques, découvrant un continent qu'elles ne quitteraient jamais. D'autres, étrangères à ces penchants, renouèrent avec la bande de mâles exilés qui s'étaient installés à quelques milles de là, et leur envoyèrent un comité de réconciliation. Hélas trop tard ! Pendant que le patriarche s'étiolait, blessés dans leur orgueil par le comportement des femelles qui n'avaient pas eu le moindre geste de solidarité à leur égard, les membres du groupe masculin se livraient entre eux à toutes sortes d'acrobaties sexuelles. Ces coutumes, avait conclu Mr. Barnett, étaient irréversibles.

## 105.

« En fait, dit Benjamin Bloom en luttant contre une patte de canard avec son crochet spécialement conçu pour manier le couteau, aucune coutume, même très ancrée, n'est irréversible.

— Bien entendu », répondit Joshua O'Hara en plantant sa fourchette dans une côte de porc nappée d'un coulis de framboise, et pour ne laisser planer aucun doute sur le fait qu'il participait à la conversation, il ajouta : « Où est le poivre ? »

Les pratiques des Arcadiens et des Épéens (ou Hypéens ?), d'après les écrits d'Hérodote et de Diodore de Libye, témoignaient d'un stade immédiatement supérieur traversé par les sociétés humaines : le moment où, après la mort du patriarche, hommes et femmes s'étaient réunis pour copuler sans entraves.

Au cours de cette phase d'aphrodisme originel, chaque femelle appartenait à tous les mâles, et vice versa. Et selon les goûts et les caprices du moment, chaque mâle appartenait à tous les mâles et chaque femelle à toutes les femelles. Ainsi, lorsque naissait un bébé, on ignorait s'il était un fils, un frère, un petit-fils, les trois choses à la fois ou aucune d'entre elles. Mais le pire survint lorsque des enfants couverts de squames virent le jour, à croire que la Nature s'était mise à vaciller, et qu'au lieu de mettre au monde des hommes bien constitués, elle avait commencé à sortir de son chapeau des espèces d'autres époques géologiques.

Pour en finir avec cette confusion qui menaçait la survie de l'espèce, les femmes imposèrent aux hommes une réglementation très stricte des relations sexuelles. À compter de ce jour, tout commerce charnel fut formellement interdit entre parents et enfants et frères et sœurs (les cousins croisés collatéraux avaient plus de libertés et profitèrent de ce vide législatif sans ressentir de culpabilité).

Puisqu'on connaissait dès la naissance l'identité de la mère de tel ou tel rejeton, car l'accouchement était et reste un événement matériel incontestable, et qu'on ne savait pas de source sûre qui était le géniteur (il pouvait s'agir de n'importe quel homme), les descendants prirent le nom de leur mère. La gauche s'imposa à la droite, la terre au ciel, la lune au soleil, l'émotion à la raison, le rouge au bleu.

## 106.

Il restait des vestiges de ces coutumes ancestrales dans la langue kiataw, parlée par les quarante-sept natifs qui résidaient dans la réserve de Morgan Cliff. Les Kiataw ne disaient jamais « oncle », « grand-père » ni « père ». Le père, les frères et le père du père étaient simplement désignés par le terme *t'okum*, assez général, applicable aussi au coyote tueur de bétail, au melon sauvage qui envahissait les champs et n'était pas comestible, aux poux.

Il existait en revanche plus de quinze mots pour nommer les relations de parenté par voie maternelle. Au lieu de dire simplement « mère », les Kiataw disaient :

*Ka'tsill* : la mère qui engendre une femme.

*Ka'stoll* : la mère qui engendre un homme.

*Ka'tusbel* : la mère de jour.

*Ka'wenak* : la mère de nuit (terme qui signifie aussi « ancien secret » ou « vieille cachottière »).

*Ka'takan* : la mère au carré (la mère qui est mère d'une mère).

*Ka'uchkan* : la mère qui ne peut plus être mère.

Mathilda Dewoody, qui avait vécu vingt et un jours au sein de cette tribu, fut impressionnée par le fait que dans certaines circonstances les jeunes filles pubères traitaient leurs mères de *ka'eek*, « celle qui m'ennuie souverainement » ou, pour l'exprimer de manière plus juste, quoique vulgaire, « celle qui me fait... ! », dévoilant par cette insolence à l'égard des aînées un mouvement de rébellion juvénile assez exceptionnel dans les sociétés primitives.

## 107.

Une autre curiosité qui surprit beaucoup Benjamin Bloom était la langue parlée par les Dixies, de la réserve d'Hasuwavi, qui dédaignait totalement le mot « temps » ainsi que les formes grammaticales utilisées pour se référer au « passé », au « présent » et au « futur ». Là où la majorité des langues, dans le souci d'exprimer ce qui arrive, est arrivé ou arrivera, s'obstinaient à décliner des verbes jusqu'à l'épuisement ou imposaient la compagnie paternaliste d'un auxiliaire, le dixie se débrouillait en ajoutant aux noms des préfixes lunaires ou solaires selon les circonstances.

La forme qu'adopte le monde est celle susurrée par le langage. Mr. Wirthmore, qui avait passé vingt-huit jours en compagnie des Dixies, déclara que c'était un véritable soulagement que de vivre dans un monde sans temps. Les Dixies ignoraient le problème agaçant d'avoir à définir quelque chose qu'on connaît quand on ne vous questionne pas à ce sujet et qu'on cesse de connaître dès lors qu'on vous interroge. Ils ne se laissaient pas davantage tyranniser par un concept aussi capricieux que ce « fut » qui n'est plus, cet « est » qui a déjà cessé d'exister, ce « sera » qui n'est encore rien et cessera d'être dès qu'il aura eu lieu.

Tribu sans histoire ni avenir, les Dixies n'en étaient pas moins heureux pour autant et ignoraient toute rancœur. Ils ne distinguaient pas le vieillard de l'adulte ni l'adulte de l'enfant. Le souvenir et l'oubli, les prophéties et les pronostics leur étaient étrangers. Ils vivaient pour vivre et non pour penser ou nier en permanence, d'un air lugubre, qu'ils étaient appelés à s'éteindre.

108.

Souvent il manquait dans les langues primitives des mots très fréquents dans les nôtres, mais l'inverse était tout aussi vrai. Parfois, certains mots existaient à profusion et n'admettaient aucune traduction.

Les Kenawas, étudiés par Emma Dewoody, la sœur jumelle de Mathilda, disaient *kala* pour désigner l'homme et *winyasi* pour désigner la femme. Mais entre les deux, il y avait un arsenal de mots que nos langues ignoraient, d'authentiques fossiles remontant à l'époque de l'aphrodisme primordial, du temps où régnait la confusion des genres.

Ils possédaient un mot pour les hommes qui s'habillaient, parlaient, pensaient et s'accouplaient comme des femmes ; un autre pour les femmes qui s'habillaient, parlaient, pensaient et s'accouplaient comme des hommes ; d'autres termes désignaient les hommes qui pensaient, parlaient, s'habillaient et copulaient avec des hommes, ou les femmes qui copulaient avec des femmes sans cesser de s'habiller, de parler et de penser comme des femmes.

Et, plus vertigineux encore : il existait des mots pour les hommes qui pensaient et parlaient comme des hommes, mais marchaient et s'habillaient comme des femmes et copulaient avec des femmes ; pour les femmes qui s'habillaient et parlaient comme des femmes, mais pensaient et rêvaient comme des hommes et s'accouplaient avec des femmes ; pour les hommes qui considéraient être des femmes ou des femmes qui estimaient être des hommes, mais seulement dans certaines circonstances particulières telles que les nuits de pleine lune.

## 109.

Grâce aux témoignages que nous ont laissés Strabon et Olympiodore de Thèbes sur les Scytes qui vivaient dans la steppe pontique, nous savons qu'après la nouvelle réglementation sexuelle, la naissance, la copulation et la mort se succédaient de manière aussi rigoureuse et ordonnée que les saisons de l'année. Les hommes se multipliaient en proportions géométriques tandis que les aliments se multipliaient en proportions arithmétiques, jusqu'à ce qu'on en arrivât au point critique où ce fut la famine.

« Un morceau de sucre ? demanda Joshua O'Hara en remuant sa cuiller dans sa tasse de café.

— Allez au diable ! », s'écria Benjamin Bloom, excédé par cette interruption.

Une période assez sombre eut lieu dans l'histoire de l'humanité. Au vu des restes d'os rongés ou débités à la hache exhumés par le général Reynolds dans une caverne d'Antelope Canyon, il n'était pas totalement saugrenu de supposer, aussi effrayante que fût cette idée, qu'aiguillonnés par la faim les hommes des premières sociétés s'étaient livrés sans trop de scrupules au cannibalisme et avaient boulotté des ennemis, des amis et des parents, et que lorsqu'ils n'avaient plus eu le choix, ils avaient ingéré les parties superflues de leur propre corps, comme les ongles, les cheveux ou un filet de fesse.

L'espèce humaine aurait à l'instar de tant d'autres complètement disparu de la surface de la Terre sans une découverte qui se produisit quelque part sur la planète ou dans plusieurs lieux à la fois : un jour, un ancêtre plus perspicace que les autres s'aperçut par hasard qu'il y avait un lien entre le gland qui se détachait d'un arbre et la jeune pousse qui germait au même endroit quelques semaines plus tard. Les oiseaux le savaient déjà.

Les humains prirent possession du règne végétal et soumirent les plantes à de multiples asservissements afin de faire croître à volonté le maïs, le haricot, le tabac, le melon, la pastèque, la tomate, la pomme de terre, le piment et le poivron. On tirait profit de toutes les parties des plantes. Tubercules, feuilles, gousses et fruits procurèrent de nouveaux ingrédients qui révolutionnèrent la façon de cuisiner et de manger, avec par exemple l'invention de la salade, un des plats les plus nutritifs et simples à confectionner.

Pour que chacun eût une occupation, on invita ceux qui ne pouvaient ou ne savaient pas semer, faucher, cuisiner ou assaisonner à broyer ou mettre en morceaux des grains dans leur bouche jusqu'à obtenir une pâte avec laquelle on pétrit les premiers pains et galettes.

110.

Une invention ne se produit jamais seule, mais conduit toujours à d'autres inventions, de sorte que l'humanité gravit une marche après l'autre de l'escalier sans fin du progrès.

La nécessité de stocker des grains et des fruits se traduisit par l'apparition de la poterie. La possibilité de remplir des marmites, des jarres et des cruches fit que certains possédaient davantage que d'autres et que les premières formes d'inégalité entre les hommes se développèrent.

Il devint soudain très difficile de se déplacer d'un point à un autre avec tout cet attirail et des enfants encore au sein dans les bras. À proximité d'un fleuve ou au bord de la mer, dans les vallées ou sur les versants fertiles, on édifia des cabanes de rondins au toit de paille. Avec la fondation de ces villages se propagèrent les premiers commérages et les épidémies de peste.

Pour les conjurer surgirent les premiers chamanes, et avec eux des rites religieux où l'on vénérait des déesses de l'abondance aux hanches généreuses et aux seins intarissables, représentées par des statuettes d'argile. Nées des entrailles de la Terre, ces Vénus stéatopyges étaient les bisaïeules de nos Vénus anadyomènes.

## 111.

« Toutes les sociétés n'avancent pas au même rythme sur le chemin escarpé du progrès », précisa Benjamin Bloom en aspirant la fumée de sa pipe tandis qu'il marchait en compagnie de Joshua O'Hara dans les jardins de l'Esplanade.

Son secrétaire tira sur la cigarette qu'il venait de rouler. Bloom observa un instant le brin de tabac qui pendait comme un cheveu de sa barbe whitmanienne.

Les Oshowas, auxquels Parker Wright avait rendu visite dans la réserve d'Alamogordo, en étaient restés aux premières phases de développement et ne connaissaient pas l'agriculture. Ils vivaient de la capture d'insectes, de vers et d'œufs. Les raisons de cette stagnation résidaient dans le culte qu'ils vouaient à Ihanktowana, une divinité qui leur interdisait catégoriquement tout contact avec les plantes, les herbes, les arbres et les fleurs, ancêtres de la tribu.

Rien n'horrifiait davantage les Oshowas que le type de cannibalisme végétal que pratiquaient sans le moindre remords les peuples voisins. Ils refusaient tout net de planter une graine pour voir s'épanouir une plante jusqu'à sa floraison, de l'arracher ensuite pour lui infliger d'odieuses tortures telles qu'un séjour dans l'eau bouillante, un passage sur le feu ou, encore plus répugnant, une ingestion crue avec d'autres légumes massacrés selon les mêmes procédés.

Les Oshowas affirmaient qu'Ihanktowana (un nom sacro-saint qu'ils ne prononçaient jamais sans frémir) avait créé les plantes et les fleurs pour embellir le monde et non pour qu'elles fussent mastiquées, déglu-ties et déféquées par des hommes, des coyotes ou des chèvres des montagnes.

112.

Bien entendu, rien n'avait encore été écrit à propos des goûts alimentaires.

Le régime des Shiwis, qui accueillirent le colonel Thompson dans la réserve d'Oak Canyon pendant cinq jours, était une bonne illustration de l'époque très reculée où on ne distinguait pas le comestible de l'incomestible, le pur de l'impur, la bouche de l'anus.

Les Shiwis préparaient avec des déjections d'antilope des soupes qu'ils considéraient comme l'un des mets les plus délicats qui fussent. Ils concoctaient également un breuvage à base d'eau, de lait et de kenawa, l'excrément d'un scarabée grouillant de larves. Ils faisaient par ailleurs bouillir des tripes d'agneau qu'ils s'étaient gardés de purger. Quand elles contenaient des restes non digérés, on jugeait ce plat bien plus raffiné.

Le délice suprême de ces sybarites étaient les graines de pitahaya, affreusement indigestes. Après avoir déféqué, ils examinaient leurs excréments avec beaucoup d'attention. À l'aide d'un petit bout de bois, ils en retiraient les graines qu'ils s'empressaient de manger, les trouvant plus savoureuses ainsi.

Pour ne pas offenser ses hôtes, le colonel Thompson se trouva obligé de goûter les plats composant ce menu scatologique, qui lui rappela l'appétit qu'éveillaient en lui, dans son enfance, les croûtes formées sur les parois des latrines.

113.

« L'observation du coït des animaux a apporté aux hommes des preuves criantes du rôle qu'ils jouaient dans la procréation », déclara Benjamin Bloom.

Il monta dans le tramway en montrant son titre de transport au chauffeur et alla s'asseoir sur un des sièges réservés aux invalides de guerre.

Plutôt que de s'installer à ses côtés, Joshua O'Hara préféra rester debout, bien qu'il y eût très peu de passagers. En vérité, il ne voulait pas se faire remarquer. À présent leur conversation parvenait à d'autres oreilles que les leurs, mais ce manque d'intimité ne semblait pas déranger Bloom qui continua de parler, même si à ce stade de la discussion ses cordes vocales auraient eu bien besoin d'être huilées.

Celle qu'on appelle « mère », disaient les hommes, n'est pas la personne qui donne la vie à l'enfant, mais la nourrice de l'embryon semé. Le géniteur est celui qui la féconde de sa semence. La femme n'est donc qu'un réceptacle du germe, une étrangère pour un étranger.

Las de travailler tout le jour durant, de labourer les champs un joug fixé sur leurs épaules, d'arracher les céréales à la houe et d'entonner des chants pour se donner du courage, sans cesse surveillés par une contremaîtresse prête à les fouetter jusqu'au sang à la première négligence, les hommes se rebellèrent.

Profitant de leur stature et de leur musculature avantageuse, de l'expérience qu'ils avaient tirée de la chasse, qui leur avait appris à étudier les comportements agressifs de l'espèce pour élaborer des techniques de capture et d'extermination, ils déclarèrent la guerre aux femmes et ne capitulèrent que lorsqu'ils eurent mis la main sur les moyens de production et les excédents de richesse.

Forts de cette victoire, ils prirent non seulement le contrôle du village, mais aussi de leurs foyers. Les femmes devinrent des marionnettes au service de la reproduction, des jouets destinés à satisfaire des caprices lubriques.

La droite s'imposa à la gauche, le bleu au rouge, l'autorité du père à la permissivité de la mère. Les Vénus stéatopyges furent détrônées pas des Hercules hirsutes capables d'exécuter de nombreux exploits et travaux, et plus leur barbe était fournie, mieux c'était.

## 114.

Les femmes essuyèrent une défaite sans être entièrement terrassées. Du fond de leur cuisine, au bord des fleuves où elles lavaient le linge, dans les caves regorgeant de provisions où leurs voix s'étouffaient, elles pestaient tout bas contre les vainqueurs, inventaient des mythes vengeurs qui survécurent dans certaines tribus, comme celle des Sekowonicocos, qui s'étaient établis à vingt milles de Rancho Vistoso et acceptèrent de recevoir le révérend O'Tool.

« Nous descendons à la prochaine », avertit Joshua O'Hara.

Benjamin Bloom tendit une main et tira sur le cordon de la sonnette.

Les Sekowonicocos vénéraient Kowa, un dieu plein de bonne volonté toujours disposé à aider les hommes, mais de manière si maladroite que les membres de la tribu lui faisaient constamment des offrandes pour qu'il s'abstînt d'intervenir sur le cours des choses, car quand il agissait, il fallait s'attendre au pire.

Les Sekowonicocos organisaient pour le solstice d'été une fête afin de prier instamment Kowa de ne pas déclencher la pluie (il risquait de se tromper dans le dosage et de provoquer un déluge), ou de ne pas faire pousser le maïs (il aurait créé une forêt touffue peuplée de serpents) et, surtout, d'éviter de rendre féconds les époux stériles (un jour, un homme avait accouché par les fesses d'un fœtus à peau de cactus).

## 115.

Non moins curieuses étaient les croyances des Yukonotanas, qui vivaient dans le comté de Maricopa et avaient reçu la visite du général Reynolds.

Sans doute à cause des vents bourdonnants et insupportables qui soufflaient dans la région, les Yukonatanas vénéraient Hwasai, un dieu sourd comme un pot (mais certains informateurs disaient tout bas que Hwasai ne faisait la sourde oreille que lorsque cela l'arrangeait). Pour qu'il entendît leurs prières, les Yukonotanas devaient formuler celles-ci à grands cris, accompagnant leurs paroles de diverses gesticulations qui correspondaient au langage des signes des dieux. Malgré ces précautions, la divinité malentendante comprenait mal ou pas du tout (ou uniquement ce qu'elle avait envie de comprendre).

Un jour, un homme de la tribu raconta au général Reynolds que des pluies torrentielles avaient provoqué la crue de la rivière Gila. Pendant plusieurs semaines, les Yukonotanas envoyèrent des centaines de prières à Hwasai pour faire cesser la pluie et ménager à leurs champs un temps de séchage. Ils promettaient en retour de tuer quinze poules qu'ils sacrifièrent, mais le déluge continua. Ils en sacrifièrent quinze autres, or la pluie redoubla. Ils s'en remirent au chamane en charge de la communication entre le monde d'en haut et le monde d'en bas, qui leur expliqua que le dieu avait mal compris et s'attendait à recevoir cinquante poules et non quinze. Les Yukonotanas égorgèrent les cinq poules qu'il leur restait.

Le sorcier avait dit vrai. Une heure plus tard, il cessa de pleuvoir et un arc-en-ciel apparut, au grand soulagement de tous.

# 116.

Gouvernées par les hommes, les sociétés humaines atteignirent un degré de perfection inespéré, grâce à l'invention d'instruments à même de mesurer le temps qu'on fractionna avec exactitude, le divisant en heures, minutes et secondes selon les modèles disponibles.

Un temps flottant avait jusqu'alors régi l'espèce humaine. L'arithmétique étant très peu développée, les calendriers comportaient moins de douze mois. L'art de compter n'allait que de un à dix. Ceux qui souhaitaient s'aventurer au-delà se noyaient dans l'infini.

Des traces de cette époque lointaine perduraient dans les coutumes des Hankut'chin, qui résidaient dans la réserve d'Ocotillo Valley et qu'alla trouver Tim Barnett, qui fut fortement intrigué par leur calendrier divisé en neuf mois, appelés respectivement comme suit :

*Nawti-um* : les journées s'allongent.

*Wisimoo'ohdam-um* : les orages arrivent et les serpents de feu dansent dans le ciel.

*Chitseebi-um* : le cactus ocotillo sort de terre.

*Mowiash'dak-um* : les oiseaux reviennent et font leur nid.

*Wasikio-um* : rassemblement des animaux dotés de cornes.

*Awikut'se-um* : les oiseaux s'en vont, emportant avec eux la musique et l'allégresse.

*Kiouk-um* : le vent commence à gémir.

*Tsebee'tchi-um* : tourbillons de poussière.

*Hodesivot-um* : la nuit interminable.

Le temps étant une substance élastique aux yeux des Hankut'chin, certains mois pouvaient être plus ou moins longs, ou même survenir prématurément ou tardivement, tout dépendait entre autres choses du comportement des ocotillos, des oiseaux et des serpents de feu.

## 117.

Le premier obélisque qui projeta l'ombre du soleil sur un cadran signa le glas de toutes ces irrégularités. Érigé dans le centre névralgique de la cité-État, à l'endroit où convergeaient les routes principales, il célébrait non seulement la gloire du souverain, ambassadeur du ciel sur terre et volonté vers laquelle tendaient toutes les volontés, mais aussi le temps qui s'écoulait de la même manière pour tout le monde, avec une stricte régularité, sauf quand le ciel se couvrait et que les aiguilles du cadran solaire s'effaçaient.

Pour remédier à ce fâcheux défaut technique, on inventa la clepsydre, un instrument qui mesurait le temps à partir d'un liquide s'écoulant indépendamment des conditions météorologiques. À chaque quantité versée correspondait une unité temporelle. Il n'y eut désormais plus d'exceptions. Une seconde était une seconde ; une minute, soixante secondes toutes égales entre elles ; une heure, soixante minutes découpées par les mêmes ciseaux. Les jours et les mois se succédaient les uns après les autres, dans le même ordre, jusqu'à la fin de l'année et le commencement de la suivante.

Un abîme s'ouvrit entre les sociétés avec ou sans horloge. Tandis que, dans les premières, le temps stagnait comme les eaux d'un lac puis s'agitait comme un tourbillon en se répétant toujours de manière identique, sans progresser, il se déployait dans les secondes à l'image d'un fleuve impétueux, suivant une ligne droite et irréversible, invitant les hommes à avancer et à se laisser porter par le torrent de l'histoire.

## 118.

Sans cesser de converser, Benjamin Bloom et Joshua O'Hara remontèrent la New Hampshire Avenue jusqu'à une taverne à la façade lambrissée rouge. Ils entrèrent. L'Octopus était bondé. À en juger par la clientèle présente dans l'établissement, on y célébrait sans doute la fête annuelle d'une association de vétérans.

Partout fourmillaient des messieurs portant l'uniforme du régiment de cavalerie ou de l'infanterie de marine, dont les galons tombaient sur leurs épaules dans une avalanche de franges très étudiée. Il y avait là beaucoup de boutons dorés, de pantalons ajustés, de bottes à boucles et de médailles épinglées à la suite, d'un pectoral à l'autre. Sans cesser de caresser leurs barbes et leurs moustaches taillées avec soin, ils devisaient de manière animée, adoptant une voix grave dans laquelle perçaient quelques notes aiguës, comme dans le chant de certains oiseaux mâles.

Toutes les tables étant occupées, Benjamin Bloom et Joshua O'Hara s'installèrent au bar, sentant tous les regards fixés sur leurs nuques. Pendant qu'ils attendaient qu'on leur servît à manger en buvant un punch qui mettait la tête à l'envers dès la deuxième gorgée, Benjamin Bloom s'attacha à comparer les formes de gouvernement des Owilapishais avec celles des Étrusques, mais Joshua ne l'écoutait plus, absorbé par la conversation de ses voisins. Il ne commettait aucune indiscrétion. Tous parlaient en haussant le ton, à croire que des montagnes les séparaient.

« Lieutenant Madison ? », demanda un homme à la barbe melvillienne en se glissant à côté d'un individu à la moustache hawthornienne. Assis sur un tabouret, il chiquait, plongé dans ses pensées. « Vous êtes bien le lieutenant Madison ? Je ne fais pas erreur ? »

L'homme à la moustache hawthornienne pivota et lui lança un regard peu amène.

« Vous n'êtes pas Bill Madison, du Nevada ?

— Allez vous faire voir et fichez-moi la paix !

— Laissez-moi au moins me présenter. Je suis Chris. Chris Crawford, de Montgomery, en Virginie-Occidentale.

— Allez au diable.

— Permettez que je vous offre un verre…

— Je vous ai dit d'aller au diable. Vous avez besoin d'aide ? fit le lieutenant en dégainant un Colt Single Action du holster qu'il portait à la ceinture.

— Je vous prie d'avoir l'amabilité d'accepter une bière ou un whisky. Peut-être préférez-vous autre chose ? De l'eau plate ? Dites-moi ce qui vous plairait. C'est moi qui régale, mon cher Madison.

— Si vous prononcez encore ce maudit nom, je vous jure que je vous ferai exploser le cerveau quinze fois de suite, c'est compris ?

— Madison… vous devriez prendre la vie plus sereinement. Mais sans doute que… »

L'homme à la moustache hawthornienne tira et visa si mal qu'au lieu de perforer le crâne de l'homme à la barbe melvillienne, comme il l'avait prévu, la balle alla se loger dans un baril de vin qui se répandit sur un groupe de militaires, abîmant à jamais leurs uniformes de gala. Outragés par cet affront, ils dégainèrent leur pistolet, mais ne sachant pas où se cachait l'ennemi ils tirèrent en l'air et firent tomber le lustre qui, en s'écrasant au sol, plongea la taverne dans le noir.

# VII.

## *La lutte pour l'existence*

## 119.

Tout le monde ne voyait pas l'entreprise ethnologique de Benjamin Bloom d'un bon œil. Thomas Lloyds trouvait de plus en plus déplaisant le tour que prenaient ces voyages dans le Sud-Ouest, surtout après sa dernière inspection au Musée de la vie primitive.

En proposant Bloom comme directeur, il avait cru que les membres des expéditions reviendraient à Washington avec des paniers, des poteries, des masques, des colliers, des bracelets, des peignes, des calumets de la paix et des haches de guerre, des idoles, des parures de cérémonie, des instruments de musique, de grosses cuillers en corne de chèvre des montagnes, et non des rapports sur les langues et les coutumes destinés à être publiés dans une revue qui comptait plus de collaborateurs que de lecteurs. Tant de dispersion lui déplaisait au plus haut point. Avec les objets collectés jusqu'alors, on ne parviendrait même pas à remplir un quart de l'espace volé au Musée d'histoire naturelle.

Bloom n'avait même pas pris la peine d'agencer correctement les vitrines. Au lieu d'y ordonner les pots, les katchinas, les arcs et les flèches dans des gammes ascendantes ou descendantes, selon leurs formes, leur fonction ou leur aire géographique, il s'était contenté de les poser là distraitement, comme on range des assiettes, des verres et des couverts dans un buffet. Le coût de ses missions ne justifiait en rien un tel résultat. Depuis quelques mois, il avait en outre décliné toutes ses invitations à dîner, et voilà qu'il ne répondait plus à ses billets. Il ne comptait pas tolérer cela.

Jadis peuplées de spécimens vénérés du public et exposés en vertu des lois de l'évolution, les salles du musée faisaient maintenant songer à une vacuité mâtinée d'indolence et transmettaient une tristesse infinie. Il suffisait pour s'en rendre compte de lire les lignes inscrites dans le registre des plaintes, par des visiteurs mécontents qui avaient ensuite exigé au guichet des réclamations qu'on leur remboursât leur billet d'entrée. On n'avait encore jamais vu cela auparavant.

## 120.

Malgré des critiques élogieuses dans la presse et des affiches publicitaires placardées partout dans la ville, le Musée de la vie primitive n'avait attiré selon les informations fournies par le service de billetterie que

480 visiteurs par mois, soit 16 personnes par jour et 2 par heure venues admirer un scalp iroquois.

La négligence avec laquelle on avait traité la collection ethnologique ne suffisait pas à elle seule à expliquer ce malheur. La fréquentation du Musée national d'histoire naturelle et de la Galerie des beaux-arts avait elle aussi baissé. On ne disposait pas encore des données officielles, mais dès qu'on les aurait il faudrait se préparer au pire. Il y avait fort à parier que les visiteurs s'étaient montrés plus rares qu'au moment de l'ouverture.

Les règles qui régissaient les succès et les échecs d'un musée étaient énigmatiques, de même que les lois qui prétendaient justifier l'apparition d'un ectoplasme. Les gens avaient un comportement imprévisible. Ils s'entichaient un jour d'un oiseau empaillé et, sans qu'on sût pourquoi, se toquaient l'année suivante d'un crâne sculpté. Par la suite, alors que rien ne permettait de l'expliquer, ils se passionnaient pour une collection de timbres. Ce qui au départ suscitait la surprise, l'émulation et l'envie finissait avec le temps par devenir ennuyeux. Beaucoup des amis du musée devinrent ses ennemis les plus farouches.

## 121.

Lors de son assemblée générale, le directoire aborda ces problèmes. Face à des circonstances aussi défavorables, une reconfiguration des musées sous sa tutelle s'imposait avant que la situation ne se dégradât davantage.

Thomas Lloyds admit avoir commis une erreur en créant sous la pression du Congrès une institution qui phagocytait quelque 500 dollars par an pour exposer trois pauvres masques dans une salle la plupart du temps déserte. Il existait assurément d'autres moyens de protéger le patrimoine primitif. Au lieu de dilapider les fonds dans un musée ethnologique, mieux valait concentrer les efforts dans la réanimation du Musée d'histoire naturelle, qui avait connu dernièrement un bien triste sort.

Pour lui insuffler un peu de dynamisme, on décida de remplacer Ryan Wagner, le nouveau directeur, plus soucieux de ses problèmes de santé liés à l'âge que des activités éducatives qu'il aurait pu organiser pendant les vacances scolaires d'hiver. On rendrait aux sciences de la vie l'espace qu'on leur avait confisqué, on reléguerait dans la réserve les paniers, totems et fétiches, pour introniser de nouveau les grands sauriens condamnés à l'ostracisme. On attiserait la curiosité et on augmenterait le flux de visiteurs en modifiant les techniques d'exposition des spécimens. Au lieu du typique parcours selon la mutation et l'évolution des espèces, on proposerait des itinéraires thématiques moins prévisibles, intitulés par exemple « Scènes d'amour dans les marais » ; « Crime et châtiment au milieu des prairies » ; « Au fond des mers, les oubliés de l'Arche de Noé ».

## 122.

Le Musée de la vie primitive fut fermé et son personnel congédié.

## 123.

L'annonce de cette nouvelle causa à Benjamin Bloom le même effet que si on l'avait amputé de son autre bras ou, pire, que si on l'avait décapité. Il jura que cette affaire n'en resterait pas là. Il n'allait pas laisser ces ruffians lui faire un pareil croc-en-jambe.

Il rédigea une lettre qu'il envoya aux membres du directoire, où il dressait un bilan détaillé de ses activités : les trente-huit expéditions envoyées dans le Sud-Ouest, les quatre numéros publiés des *Annales du Musée de la vie primitive* et les centaines de boîtes contenant des rapports qui n'avaient pas encore pu être dactylographiés. Il n'obtint pas de réponse. Il sollicita un entretien auprès de Thomas Lloyds, mais ce dernier refusa de le recevoir.

Fou de colère, il écrivit aux journaux, organisa des manifestations, entra en contact avec des scientifiques à la trajectoire reconnue en leur demandant de signer une pétition contre une mesure qui signifiait un immense pas en arrière dans les connaissances qu'on possédait sur l'homme. Mais nul ne semblait trop s'intéresser aux misères de l'ethnologie.

Née à un siècle pourtant si favorable aux sciences, elle n'avait pas eu la chance de la démographie, des géométries non euclidiennes ou de l'électromagnétisme. Elle était venue au monde frappée d'une malformation, son objet d'étude s'évaporait déjà alors qu'elle venait à peine d'être ébauchée, menaçant sa raison d'être. Son pronostic vital était sans aucun doute sérieusement engagé.

Pendant que ses cousines germaines prenaient du poids en s'empiffrant de gourmandises aussi substantielles que les foules, le capital, le langage et même la télépathie, l'ethnologie devait se contenter de mendier les reliefs de banquets cannibales jadis très opulents, désormais squelettiques.

## 124.

Les jeunes ethnologues comme Jeremy Wirthmore ou les jumelles Dewoody avaient encore le temps de changer de profession. Ils se réorientèrent vers des disciplines plus prometteuses, abandonnant l'étude des sociétés primitives pour s'intéresser à la structure de l'atome, la psychopathologie infanto-juvénile ou les personnalités autoritaires.

Ceux à qui l'âge ne laissait pas autant de liberté de mouvement – c'était le cas du colonel Thompson et du général Reynolds – eurent beaucoup de mal à encaisser le coup. Ils avaient fait de gros sacrifices pour intégrer les troupes du Musée de la vie primitive, s'étaient détournés de domaines qui leur étaient chers, de leur foyer et de postes très convoités au département de la Guerre. Ils ne se rendirent compte que sur le tard qu'ils s'étaient engagés sur la mauvaise voie en choisissant de faire partie d'un musée qui ne tenait pas ses promesses. Ils n'avaient plus le temps de reculer, condamnés à mener une vie qui, à cause de ce faux pas, se résumait à une suite de mauvaises résolutions.

Pire encore fut le destin des ethnologues-voyageurs qui, au cours de leur séjour dans les réserves, avaient contracté des maladies. De retour de son expédition à Huavupai Creek, Mr. Barnett se réveilla pris d'une fièvre à laquelle il n'accorda guère d'importance. Mais sa température ne baissant pas, il consulta un médecin qui diagnostiqua une malaria et lui prescrivit de la quinine.

Malgré le traitement, son état se dégrada, il se mit à vomir et déféqua un fragment d'intestin. Le médecin lui conseilla de prendre de l'aspirine en espérant qu'à un moment donné, ce médicament qui soignait tant de maladies aurait un effet bénéfique. Il n'en fut rien. Dans la semaine, il perdit ses dents, ses ongles et ses cheveux. Ses testicules se détachèrent, son cerveau se ramollit et se répandit par le nez. La mort le faucha.

Sans guérison possible, la maladie qui l'avait tué n'avait pour le moment pas de nom. Le révérend O' Tool et Parker Wright connurent eux aussi ce triste sort.

## 125.

Mais l'avenir ne fut pas aussi noir pour tout le monde.

Joshua O'Hara, qui n'aurait pour rien au monde renoncé aux plaisirs que lui procurait l'ethnologie, ne baissa pas les bras. Oppressé par Washington DC, cette ville aux loyers exorbitants où le trafic devenait de plus en plus dense, les habitants trop nombreux, la fumée et le bruit dérangeants, il avait l'impression en respectant une routine ennuyeuse de mener une vie coupée de la vie et décida de déménager dans le Sud-Ouest après avoir convaincu Benjamin Bloom de l'accompagner. Rien de tel qu'un changement d'air pour digérer les déconvenues auxquelles ils avaient été confrontés. Avec l'indemnité qu'on leur versa (une somme indigne d'à peine 45 dollars), ils achetèrent un ranch dans les environs de Tucson et y fondèrent le Club des Quapaws, qui parvint très vite à attirer une vingtaine de membres.

Les Quapaws étaient une tribu de la réserve de Prescott Creek, où le colonel Thompson avait passé dix-sept jours. Le seul témoignage de leur existence figurait dans des notes que Joshua O'Hara n'avait pas eu le temps de mettre au propre. Cela n'avait guère d'importance car les temps avaient changé : au lieu de lire des coutumes dactylographiées, les gens avaient besoin de les expérimenter. Plutôt que de muséifier le monde en l'enfermant dans un cercueil de verre, l'heure était venue d'ouvrir le musée au monde et de lui faire respirer une bouffée d'air frais.

Les membres du club étudièrent le quapaw et ses quinze déclinaisons diaboliques jusqu'à atteindre un niveau de langue moyen qui leur permettait d'organiser des cérémonies et des actions de grâce célébrant les dieux de l'eau. Ils semèrent des pastèques, des melons et du tabac dans le désert en respectant les techniques traditionnelles, se rasèrent la barbe et la moustache. Quand ils tombaient malades, ils buvaient une infusion de sawa, une herbe médicinale qui guérissait de nombreux maux tels que la fièvre, les ulcères et les cauchemars.

## 126.

Le club fit des émules.

Peu de temps après sa création furent fondées en Amérique d'autres fraternités similaires, qui essayaient de manger, s'habiller, danser, fumer et atteindre l'extase, comme l'avaient fait de nombreuses tribus éteintes, d'après les informations dont on disposait.

Il ne fallait pas s'étonner que certains citadins eussent décidé de suivre les us et coutumes des sociétés primitives, alors que ces dernières adoptaient le mode de vie des sociétés modernes.

Pour préserver l'équilibre de l'univers, quand un corps se déplace à gauche, un autre va vers la droite. Quand l'un monte, l'autre descend. Quand l'un avance, l'autre recule, de sorte qu'on ne sait jamais avec certitude dans quelle direction se trouvent l'est et l'ouest, le nord et le sud.

## 127.

La baisse de la fréquentation n'était pas un phénomène qui touchait exclusivement les musées de Washington. Elle affectait aussi le musée de Brooklyn, l'Institut d'art de Chicago et même la Fondation Selenia Sherringham de Cincinnati, à tel point qu'on commença à parler d'une désertification des musées.

Le mot « désertification » n'était peut-être pas le plus adéquat. À vrai dire, la même masse de visiteurs se rendait dans les musées. C'était l'offre qui avait changé. Dans l'année qui venait de s'écouler, 910 nouveaux musées avaient ouvert leurs portes, soit 2,5 inaugurés chaque jour. À ce rythme, il y aurait bientôt plus de musées que de visiteurs.

Avec une pointe de génie, un bon éclairage et un gardien veillant à ce que personne ne touchât à rien, toute particule du monde pouvait être exposée dans une vitrine ou accrochée sur un mur tapissé de rouge.

## 128.

Le musée est un serpent glouton doté d'une bouche mais dépourvu d'anus, capable d'engloutir et de conserver dans son estomac de verre des plantes fanées, des animaux morts, des squelettes, des pièces de monnaie anciennes, de l'art.

## 129.

Il existait désormais en Amérique des musées pour tous les goûts.

Le Musée du saumon, à Anchorage.

Le Musée des pionniers, à Lincoln.

Le Musée des barbelés, à San Antonio.

Le Musée de la bataille de Saratoga, à Saratoga.

Le Musée des adjectifs, à Helena.

Le Musée de l'inutile, à Palm Beach.

Le Musée du non, à Savannah.

Le Musée des choses plus froides qu'un téton de sorcière, à Camarillo.

Le Musée de la mort, à Wichita.

Le Musée septicémique, à Silver City.

Le Musée pervers polymorphe, à Ogden.

Le Musée du mal, à Falmouth.

Le Musée du rire, à Lafayette.

Le Musée des machines qui chantent, écrivent et dessinent, à Alexandria.

Le Musée gastrique, à Mount Lebanon.

Le Musée de la maternité, à New Brunswick.

Le Musée des ours en peluche, à Annapolis.

Le Musée de Dieu, à Ithaca.

Le Musée du mot d'esprit, à Las Cruces.

Le Musée télépathique, à Farmington.

Le Musée des objets qui ne sont jamais reproduits, à Sioux City.

Le Musée des objets perdus sur la voie publique, à Waterloo.

Le Musée des œuvres d'art non destinées à être exposées comme telles dans un musée, à Seattle.

130.

Grâce aux progrès de la science, à Toledo, Ohio, fut créé un Musée du bruit. Quand les visiteurs pénétraient dans une des salles peintes en blanc et parfaitement insonorisées, le gardien mettait en marche le gramophone qui dormait dans un coin. Du cornet sortaient les échos du monde.

Les visiteurs marchaient, s'asseyaient sur un banc ou se couchaient à plat ventre sur un tapis afin de percevoir dans différentes positions les bourdonnements, détonations et crépitements, et d'apprécier la beauté d'un coup de tonnerre ou de klaxon.

Nous vivons submergés dans un monde qui n'est que fracas. L'attirance des sons, c'est bien connu, dépend essentiellement de l'angle dans lequel les ondes sonores viennent frapper le pavillon de l'oreille et résonnent contre les osselets et la membrane du tympan avant d'être transmis au cerveau par les nerfs. On n'entend pas de la même manière le ronronnement d'un moteur ou le murmure des chutes du Niagara selon qu'on est de face ou de profil, immobile, au ras du sol ou à six pieds d'altitude.

On prévoyait bientôt d'inaugurer une salle de bruits sous-marins captés avec des hydrophones. On pourrait y entendre en fonction du programme de la journée et des horaires la rumeur des bancs de poissons, le chant aphone des baleines, l'ouverture et la fermeture d'une pince de crabe ou l'éternuement d'une sirène qui ne se serait pas assez couverte avant de s'exposer à un courant d'eau froide.

## 131.

La ville de Richmond acquit une propriété ayant autrefois appartenu à Edgar Allan Poe. Après l'avoir sauvée de la démolition et être allé récupérer du mobilier et des tenues vestimentaires qui moisissaient dans un grenier, on transforma la demeure en musée Edgar Allan Poe. Miss Douglas, qui avait été la dernière gouvernante du lieu, recevait le public et lui faisait visiter les salles du rez-de-chaussée et du premier étage en surveillant du coin de l'œil les éventuels voleurs.

« C'est ici qu'il prenait son petit déjeuner, disait-elle. Et là, il déjeunait ou dînait. Il dormait dans cette chambre. Voici le portrait de Virginia Clemm le jour de leurs noces ; elle était alors âgée de treize ans. Et ici, vous avez la garde-robe. Admirez ce chapeau et surtout cette canne dont le manche représente un basilic. Il avait coutume de boire dans ce fauteuil et de s'administrer sa dose quotidienne de laudanum dans cet autre. Il trouvait son inspiration dans cette pièce. Ses œuvres complètes sont sur cette étagère. Vous remarquerez une édition très rare de *Tamerlane*, son premier recueil de poèmes. Et là, vous avez un portrait de Roderick Usher, au teint cadavérique. C'est sur cette table que vous voyez ici, avec cette plume et cet encrier, qu'il a écrit "Annabel Lee", qui en réalité s'appelait Anthony Moore. »

## 132.

Inéluctablement, le temps transforme le monde en ruine. Rien ne survit entièrement. Du passé ne demeurent que poussière et pierres. Les souvenirs ne sont que des restes, et plus ils sont précis, plus ils sont faux.

## 133.

À Elizabethtown, Kentucky, le Musée d'art visionnaire exposa les œuvres de Polly Annie O'Connell, la domestique de la famille Ackerson. Un jour, alors qu'elle était plongée dans des travaux de couture, elle reçut la visite d'un ange. Il la prit par la main, la transporta dans les airs jusque sur la planète Mars, d'où elle put regarder de loin, à l'abri de l'hécatombe, plusieurs scènes du Jugement dernier.

De retour sur Terre, suivant les instructions reçues dans le monde supralunaire, Polly Annie O'Connell se mit à broder sans répit le spectacle auquel la grâce divine lui avait permis d'assister sur les mouchoirs, les draps, les basques, les chemises, les pantalons et le linge de corps que les Ackerson lui donnaient à repriser. Il fallait laisser aux hommes un témoignage de ce qui les attendait dans un futur imminent. C'était la fin des temps.

Impressionnés par le comportement de leur bonne, ses maîtres se gardèrent de la semoncer ou de la renvoyer et la laissèrent broder, témoins d'un prodige. Ce n'était plus sa main qui guidait l'aiguille et le fil, mais Celle du Brodeur-du-Monde, qui actionne aussi de ses fils la langue des prophètes. Comment expliquer autrement qu'une domestique sans la moindre instruction, qui savait à peine faufiler un ourlet, fût soudain capable de réaliser ces points avec une si grande maîtrise ?

Après la mort de Polly Annie O' Connell, les Ackerson décidèrent d'ouvrir dans leur hangar un musée où exposer ces merveilles textiles, parmi lesquelles ressortaient *Les Trois chérubins jouant de la trompette pour annoncer la destruction du temple d'Elizabethtown* (tablier de cuisine), *Le Trône Céleste surveillé par trois hermaphrodites ailés* (mouchoir), *La Lapidation de Notre Dame de Mars* (chemise en lin), *Les Filles de Mr. Lucifer* (jupe), *Portrait de l'Antéchrist adolescent* (taie d'oreiller), *Le Dernier Jour de l'humanité* (caleçon long en coton).

## 134.

À New Bedford, Massachusetts, fut fondé le musée The Harpoon.

Le projet prit forme un jour que Mr. Brummel, patron d'un des plus gros chantiers navals de la région, se trouvait à The Harpoon, sa taverne préférée, et lisait le journal en savourant un verre de brandy quand un faisceau de lumière entra par la fenêtre et se réverbéra sur une cuiller en métal avant de venir frapper son visage d'un rayon aveuglant. Il prit tout à coup conscience que tout ce qu'il percevait à cet instant précis – fumée, barbes, crânes chauves – finirait tôt au tard dégluti par la terre ou le feu. Saisi d'effroi, il monta sur une table et se mit à bredouiller en chancelant :

« Messieurs… »

Plusieurs marins tout aussi chancelants s'approchèrent, en quête de diversion. Mr. Brummel fit une déclaration en martelant chacune de ses syllabes :

« Ouvrez les yeux ! Nous nous figurons que ce qui fut, a été et est existera encore pour les siècles des siècles. Rien n'est moins sûr. Les tombes sont déjà ouvertes, elles attendent notre arrivée. Il y a assez de place pour tout le monde dans l'abîme insondable. Ne vous pressez pas. Nul n'échappera au ver qui ronge et au champignon qui pourrit. »

On le pria de se taire, mais Mr. Brummel poursuivit, de plus en plus excité :

« Le fond des mers regorge d'épaves de navires qui ont fait naufrage avec tous leurs trésors et leur équipage. N'avez-vous peut-être jamais entendu parler de cités disparues en un instant, englouties par la boue ou la lave avec leurs palais, leurs statues, leurs rois, leurs dieux et leur grammaire ? »

Ainsi, comme Ninive, Carthage ou Rome s'étaient effondrées, entraînant dans leur chute des empires qui se croyaient indestructibles, Londres, Paris, New York et même New Bedford, The Harpoon et ses buveurs joviaux ne seraient plus dans un futur proche qu'un monticule d'ossements, de décombres et de tôle.

On eut beau le huer, Mr. Brummel continua son sermon en haussant le ton. Les clients commencèrent à quitter les lieux. Et il y avait de quoi. Moi-même, j'aurais fait pareil. Quand le tenancier s'approcha de lui, prêt à le flanquer dehors à coups de pied, Mr. Brummel tira un carnet de chèques et lui acheta la taverne, les meubles, les tables de billard, les cendriers et les journaux. Il tendit des billets de banque aux habitués qui avaient écouté ses prédications jusqu'à la fin, les persuadant ainsi de se laisser photographier.

La semaine suivante, il entreprit les travaux de réfection pour transformer The Harpoon en un musée qui reproduirait fidèlement son épiphanie. Il y aurait de la fumée, des odeurs, des mannequins, des images, des panneaux explicatifs et même des enregistrements stéréophoniques.

## 135.

Le Musée d'art d'Aspen, dans le Colorado, fut une des principales attractions régionales jusqu'au jour où un incendie réduisit le bâtiment en cendres.

En allant se coucher, Mr. et Mrs. Livingston, les responsables de l'équipe de gardiens, s'étaient retirés de leur poste de travail en oubliant une lampe à pétrole allumée. Dans la nuit, le vent avait ouvert les persiennes d'une fenêtre et fait tomber la lampe. Les pompiers n'étaient pas parvenus à maîtriser le feu. Le musée était parti en fumée en moins d'une heure, sous le regard épouvanté des Aspéniens. L'incendie avait détruit plus de quatre-vingts tableaux qui représentaient des montagnes, des lacs, des forêts, des cerfs, des élans et des lapins, réalisés par des artistes diplômés de l'Aspen Art Institute.

Plutôt que de condamner les Livingston à cinq ans de prison et 350 dollars d'amende, comme l'avait requis le procureur, le juge préféra les contraindre à quinze ans de travaux forcés au sein du musée, au cours desquels ils répareraient le mal qu'ils avaient fait à l'art.

L'édifice fut entièrement reconstruit avec des fonds donnés par la famille Mitchell, de Woody Creek. Quand il ouvrit ses portes, le nouveau Centre d'art d'Aspen, qui offrait une surface d'exposition trois fois supérieure à l'ancien et avait acquis deux cents nouvelles œuvres dans les galeries de Santa Fe, laissa tout le monde bouche bée. La destruction est la condition de possibilité de la création. Pour pouvoir additionner, il faut savoir soustraire.

Au rez-de-chaussée s'étendait une salle vide, ou plus exactement sans tableaux, aux murs blancs, meublée de deux chaises sur lesquelles Mr. et Mrs. Livingston s'installaient tous les jours, de treize heures à dix-huit heures, excepté le mardi. Quand un visiteur s'y aventurait, ils devaient se remémorer de la manière la plus détaillée possible les œuvres irrémédiablement perdues dont ils avaient eu la garde.

Le public leur posait une infinité de questions. Les Livingston avaient beau s'appliquer à décrire par des mots un seul et même tableau, les spectateurs avaient parfois le sentiment d'être devant deux œuvres complètement différentes, peintes par deux artistes éprouvant l'un pour l'autre une haine viscérale.

136.

Avec des fonds légués par Anthony Méndez et provenant sans doute de trafics illégaux à la frontière, on créa à San Diego le MuM ou Musée des musées. Après avoir obtenu les droits de reproduction et d'exploitation des œuvres, le MuM édifia un complexe de musées constitué des maquettes des 25 établissements les plus visités au monde, d'après le classement du supplément culturel du *Scribner's Monthly*.

Comme dans une maison de poupée, ces musées aux toits et aux murs amovibles exhibaient des merveilles de l'art et de l'histoire, des sciences et des techniques éparpillées un peu partout sur la planète.

Ceux qui désiraient contempler de près certains de ces trésors en miniature pouvaient louer au vestiaire, en échange d'une pièce d'identité, des loupes qui restituaient les dimensions originales des tableaux, sculptures, machines, haches de guerre et iguanodons réduits à une taille qui oscillait entre celle d'un hippocampe et d'un timbre-poste.

À la sortie, une boutique proposait d'acquérir des reproductions des cent pièces les plus célèbres à ceux qui désiraient emporter en toute légèreté quelques miettes d'un musée dans leur foyer.

## 137.

La Fondation Selenia Sherringham de Cincinnati commanda à une équipe de l'université de Colombus une étude sur son registre de réclamations et lui demanda, à partir de ces doléances, de concevoir un musée où le visiteur serait roi. La fondation cherchait ainsi à atteindre un but très ambitieux, mais pas impossible : inventer un musée dont nul ne se plaindrait et qui aurait un public dix fois supérieur aux autres.

L'étude concluait que les visiteurs déploraient les affiches qui les agressaient dès qu'ils franchissaient le seuil du musée en leur interdisant de fumer, de manger, de boire, de toucher les œuvres et de les photographier ; les gardiens qui les observaient d'un air méfiant, leur donnant l'impression d'être des criminels dans un centre pénitentiaire ou les malades d'un hôpital psychiatrique ; l'exposition dans des vitrines d'animaux empaillés, comme on le faisait tristement avec certains articles destinés à la vente et les prostituées ; les galeries où se succédaient des rangées de masques ou de fétiches flanquées d'une légende sur laquelle on lisait, comme sur une pierre tombale, des noms et des dates ; l'accumulation indigeste d'œuvres d'art qui finissaient par troubler, intimider ou rendre les varices douloureuses.

Quel triste destin que celui d'un tableau condamné à vivre serré entre d'autres tableaux dans la salle d'art florentin !

## 138.

L'étude démontrait par ailleurs les limites des statistiques, qui enferment tous les visiteurs dans des chiffres, quelle que soit leur idiosyncrasie. De nuit, tous les chats ne sont pas gris. Un visiteur-fourmi n'avait rien de comparable avec un visiteur-rat, un visiteur-paon ou un visiteur-poule.

Le visiteur-fourmi effectuait son parcours en ligne droite, scrutant sous tous les angles possibles et pendant d'interminables minutes chaque crucifixion, fossile ou poterie, au grand désespoir des personnes qui se tenaient derrière lui. Dans le souci de rentabiliser au maximum le prix de son billet, il tâchait de mémoriser chaque objet jusque dans les moindres détails, afin de pouvoir le savourer plus tard, dans sa demeure, un soir d'hiver au coin du feu, pour échapper à l'ennui.

Le visiteur-rat ne consacrait en revanche que quelques instants à chaque salle. Il n'était pas sitôt entré que, déjà, il ressortait. Il avançait de manière saccadée, en zigzag, sans respecter l'ordre établi, flairant tout ce qui éveillait sa curiosité, mordillant un peu de ceci et un peu de cela, dédaignant sans scrupule les œuvres conseillées par les guides.

Le visiteur-paon se rendait au musée non pour admirer mais pour être admiré. Il passait plus de temps devant sa coiffeuse que dans les salles d'exposition où il marchait en se dandinant au niveau de la braguette ou du corset, feignant d'observer avec un intérêt accru chaque résurrection, oiseau embaumé ou scalp, tout en inspectant du coin de l'œil ceux qui le scrutaient et, surtout, le désiraient.

Le visiteur-poule se promenait au contraire dans les salles en caquetant avec un autre visiteur-poule. Ils picoraient tout ce qu'ils trouvaient sur leur chemin, tendaient le cou ou tournaient la tête lorsque quelque chose scintillait ou attirait leur attention. Leur trajectoire était aléatoire, jusqu'au moment où ils découvraient un extincteur au dioxyde de carbone et sentaient leurs yeux s'emplir de larmes.

139.

Le musée de Paterson, New Jersey, donna l'exemple et d'autres l'imitèrent.

On ouvrit des salles avec des gardiens qui surveillaient en observant la plus grande discrétion, déguisés en visiteurs, parfaitement fondus dans le paysage ;

des salles pour les fumeurs, qui disposaient de cendriers et de fauteuils moelleux d'où contempler le squelette d'un lézard préhistorique, un havane entre les lèvres, enveloppés d'une brume nicotinique ; des salles où les tableaux étaient accrochés à trois pieds des plinthes, destinées aux enfants et aux personnes de petite taille, qui pouvaient ainsi apprécier les œuvres d'art sans devoir se hisser sur la pointe des pieds ; des salles avec des sculptures qu'il était permis non seulement d'observer, mais aussi de palper autant de fois qu'on le désirait, afin de faire intervenir d'autres sens et d'échapper à la tyrannie de la rétine ; puis des salles vides dans lesquelles respirer un moment. En d'autres temps, on laissait toujours une partie non achevée dans les palais. Au cours d'une visite, le cerveau humain est capable de concentrer son attention sur vingt objets au maximum.

On autorisa les visiteurs à entrer dans les musées avec leurs chapeaux, leurs parapluies et leurs sacs à dos. On dégagea même un horaire spécial pour ceux qui souhaitaient parcourir les collections dans le plus simple appareil, désireux de se sentir une espèce parmi les espèces ou une œuvre d'art parmi les œuvres d'art.

Pour les visites guidées, on remplaça les étudiants des Beaux-Arts, qui égrenaient d'un ton solennel les informations qu'ils avaient apprises à l'école, par le clown qui jouait un chapelet de fausses notes à la clarinette sur l'esplanade du musée, et qui sut capter, grâce à ses commentaires des œuvres les plus remarquables, l'intérêt des plus jeunes et des plus âgés.

## 140.

Thomas Lloyds décida qu'il était temps pour lui de prendre sa retraite et de laisser place aux plus jeunes. Avant de présenter sa démission de la présidence du directoire, il déclara son intention de fonder dans la grande famille smithsonienne un nouvel établissement qui honorerait la mémoire d'un homme disparu depuis peu, qui avait créé à partir de rien le musée le plus extraordinaire qui eût jamais existé : Zacharias Spears.

Il s'appliqua à remémorer le jour où ils s'étaient rencontrés, par un matin ensoleillé d'avril, à Washington, ou alors c'était peut-être à Philadelphie, à un moment où la brume crépusculaire de novembre les enveloppait tous deux. De quoi avaient-ils parlé ? Des habitudes de l'écureuil strié ou de l'écureuil pygmée ? Il ne savait plus trop. De cette rencontre, le seul détail que Thomas Lloyds avait retenu (et il avait encore l'impression de l'avoir sous les yeux) était le bouton qui fermait le col d'une chemise d'où affleurait une touffe de poils. Tout le reste s'était effacé. Et il ne le déplorait pas. En vérité, il convient de traiter avec méfiance les souvenirs qui se présentent de façon aussi nette. La mémoire affabule ce que la perception se rappelle. Elle invente ce à quoi la volonté aspire afin de la faire taire. Elle invente et affabule ce qui fut et qui n'est plus et ne reviendra jamais, mais qui s'entête à exister.

Le musée Zacharias Spears exposerait dans l'une des tours du château, là où se trouvait autrefois le bureau du grand homme, son portrait réalisé par Addison Scott, où on le voyait embaumer un furet aux pattes noires, ainsi que sa monographie des castors du Delaware, ses dessins des oiseaux qui gazouillaient en Pennsylvanie, ses instruments de taxidermie, sa table de travail, son encrier, son monocle, ses notes pour la création du musée à partir des pages prises en sténographie par Eleanor Sullivan, le squelette de Jonathan Charles, le ptérodactyle le plus convoité de toute l'histoire naturelle.

Thomas Lloyds préféra éviter de révéler au public, du moins dans l'immédiat, la correspondance qu'il avait entretenue pendant des années avec Zacharias Spears. Non que les confidences l'eussent dérangé. Mais il fallait laisser passer du temps. Le présent est le musée du futur.

TABLE

Cet ouvrage a été achevé d'imprimer sur Roto-Page
par l'Imprimerie Floch à Mayenne
pour le compte des éditions Grasset
en janvier 2021.

Mise en pages
PCA 44400 Rezé

PAPIER À BASE DE FIBRES CERTIFIÉES

*Grasset* s'engage pour l'environnement en réduisant l'empreinte carbone de ses livres. Celle de cet exemplaire est de :
550 g éq. $CO_2$
Rendez-vous sur www.grasset-durable.fr

N° d'édition : 21825 – N° d'impression : 97391
Dépôt légal : février 2021
*Imprimé en France*